高等职业教育"十三五"规划教材
高等职业院校建筑工程技术专业规划推荐教材

建筑制图与CAD

任鲁宁　主　编

刘　爽　姜　超　副主编

中国建筑工业出版社

图书在版编目（CIP）数据

建筑制图与 CAD/任鲁宁主编. —北京：中国建筑工业出版社，2018.2（2021.11重印）
高等职业教育"十三五"规划教材　高等职业院校建筑工程技术专业规划推荐教材
ISBN 978-7-112-23146-1

Ⅰ.①建…　Ⅱ.①任…　Ⅲ.①建筑制图-计算机辅助设计-AutoCAD软件-高等职业教育-教材　Ⅳ.①TU204

中国版本图书馆 CIP 数据核字(2018)第 298127 号

　　本书是根据"教、学、做"一体化要求编写的项目化教材。共包括 2 个项目：项目1阳光小学门卫建筑施工图的绘制、项目2阳光小学教学楼建筑施工图的绘制。其中项目1包括 4 个单元，分别为：绘制形体的三视图、绘制建筑平面图、绘制建筑立面图、绘制建筑剖面图；项目2包括 6 个单元，分别为：绘制建筑设计说明、绘制总平面图、绘制建筑平面图、绘制建筑立面图、绘制建筑剖面图、绘制建筑详图。除此之外，本教材还根据每章的内容分别配置了学生工作页，方便学生学习和训练。

　　本教材既可作为高等职业院校建筑工程技术专业教材，也可作为相关技术人员参考用书。

　　为更好地支持本课程的教学，作者自制免费教学课件资源，索取方式为：
1. 邮箱 jckj@cabp.com.cn；2. 电话 010-58337285；3. 建工书院 http://edu.cabplink.com。

责任编辑：司　汉　朱首明　李　阳
责任校对：姜小莲

高等职业教育"十三五"规划教材
高等职业院校建筑工程技术专业规划推荐教材
建筑制图与 CAD
任鲁宁　主　编
刘　爽　姜　超　副主编

*

中国建筑工业出版社出版、发行(北京海淀三里河路9号)
各地新华书店、建筑书店经销
北京科地亚盟排版公司制版
北京建筑工业印刷厂印刷

*

开本：787×1092毫米　1/16　印张：18½　字数：459千字
2019年3月第一版　2021年11月第五次印刷
定价：48.00元(赠教师课件)
ISBN 978-7-112-23146-1
(33231)

序

　　职业教育由于其自身培养目标的特殊性，在教学过程中特别注重学生职业技能的训练，注重职业岗位能力、自主学习能力、解决问题能力、社会能力和创新能力的培养。目前，许多高等职业院校正大力推行工学结合，突出实践能力的培养，改革人才培养模式，职业教育的教学模式也正悄然发生着改变，传统学科体系的教学模式正逐步转变为行为体系的职业教学模式。我院作为辽宁建设职业教育集团的牵头单位，从很早就开始借鉴国内外先进的教学经验，开展基于工作过程系统化、以行动为导向的项目化课程设计与教学方法改革。在职业技术课程改革中，突出教师引领学生做事，围绕知识的应用能力，用项目对能力进行反复训练，课程"教、学、做"一体化的设计，体现了工学结合、行动导向的职业教育特点。

　　所以我们选定十五门课程进行项目化教材的改革。包括：建筑工程施工技术、混凝土结构检测与验收、建筑工程质量评定与验收、建筑施工组织与进度控制、混凝土结构施工图识读、建筑制图与CAD、装配式混凝土结构施工技术等。

　　本套教材在编写思路上考虑了学生胜任职业所需的知识和技能，直接反映职业岗位或职业角色对从业者的能力要求，以从业中实际应用的经验与策略的学习为主，以适度的概念和原理的理解为辅，依据职业活动体系的规律，采取以工作过程为导向的行动体系，以项目为载体，以工作任务为驱动，以学生为主体，"教、学、做"一体的项目化教学模式。本套教材在内容安排和组织形式上作出了新的尝试，突破了常规按章节顺序编写知识与训练内容的结构形式，而是按照工程项目为主线，按项目教学的特点分若干个部分组织教材内容，以方便学生学习和训练。内容包括教材所用的项目和学习的基本流程，且按照典型案例由浅入深地编写。这样，为学生提供了阅读和参考资料，帮助学生快速查找信息，完成练习项目。本套教材是以项目为模块组织教材内容，打破了原有教材体系的章节框架局限，采用明确项目任务、制定项目计划、实施计划、检查与评价的形式，创新了传统的授课模式与内容。

　　相信这套教材能对课程改革的推进、教学内容的完善、学生学习的推动提供有力的帮助！

辽宁建设职业教育集团 秘书长

辽宁城市建设职业技术学院 院长

王斌

前　言

　　建筑工程图是设计者表达设计意图、交流技术思想和指导工程施工的重要工具,《建筑制图与CAD》是建筑工程技术专业和土建施工类其他专业的一门专业基础课,是培养学生建筑施工图识读和绘制能力的课程,是为了使学生作为建筑工程方面的技术人员能更好地从事工作必须要学习的一门专业学习领域课程。针对高职高专"以就业为导向"的办学思想,在课程中需要采用以"工作过程为导向"的教学方法,运用工程语言与学生进行有关工程方面的沟通、交流,通过项目的学习推动真实的学习过程。

　　本教材主要包括两个项目,项目1为小型砖混结构一层建筑,项目2为框架结构四层建筑,依据项目中各个建筑施工图由浅入深完成绘制过程,单元的讲解难度循序渐进,前面单元偏重命令的分解步骤讲解,后面单元偏重绘图思路讲解,即使同样类型的问题也可采用不同方式绘制图形,从而学会将AutoCAD命令灵活的使用。教材中采用了大量的图片细致讲解绘图过程,便于自学。在建筑投影内容中以建筑识图绘图相关内容为主,主要讲解三视图投影、轴测图形成、剖面图与断面图等,结合建筑施工图内容逐步讲解,将点线面投影、相贯线等传统教学内容弱化。每个单元均配套学生工作页,帮助学生在学习中了解工作过程,强化知识点的记忆和应用,让学生在学习中学会自己发现、思考和解决问题。通过本课程的学习,学生将熟练掌握AutoCAD、天正建筑软件的使用,熟悉建筑制图相关规范、识读图纸和绘制图纸的能力。

　　本教材由辽宁城市建设职业技术学院任鲁宁担任主编,朝阳师范高等专科学校刘爽、姜超担任副主编,美的房地产开发有限公司辽宁区域公司杨帆担任主审。项目1中的单元1、单元2由刘爽编写,单元3、单元4由姜超编写,项目2中的单元5由辽宁林业职业技术学院姜新编写,单元6由辽宁工程职业学院翟瑶编写,单元7、单元8、单元10由任鲁宁编写,单元9由辽宁理工职业学院任海博编写。任鲁宁负责全书的统稿和校对工作。

　　由于水平有限和时间仓促,书中难免有不足之处,恳请广大读者批评指正。

目　录

项目 1　阳光小学门卫建筑施工图的绘制

单元 1　绘制形体的三视图

【知识目标】

1. 了解 AutoCAD 界面。

2. 了解投影法分类，了解三视图的形成过程，掌握三面投影图的度量对应关系和位置对应关系。

3. 掌握直线、构造线等命令的使用，掌握复制、剪切、删除、偏移等修改命令的使用。

【能力目标】

1. 能在绘图中设置动态输入、极轴等内容。

2. 会使用相对坐标绘图。

3. 会设置虚线的线型及线形比例。

4. 能绘制形体的三视图，会处理形体表面之间的关系。

【素质目标】

培养对待学习和工作的耐心和接受新事物的能力。

【任务介绍】

使用 AutoCAD 软件绘制形体的三视图。

【任务分析】

形体的三视图是通过正投影形成的，绘制过程中注意三个视图之间有对齐关系，使用 AutoCAD 中的极轴功能设置直线角度，利用捕捉功能精确绘图。

任务 1　绘制简单形体三视图

子任务 1　熟悉 AutoCAD 界面

1. CAD 简介

（1）CAD 的发展历程

CAD（Computer Aided Design），即计算机辅助设计，出现在 20 世纪中期，它利用计算机的计算及图像处理功能帮助设计人员进行设计工作，能够大幅度提高设计、修改和存储的效率。

（2）CAD 在建筑工程中的应用

1）建筑与规划设计：绘制建筑施工图、规划图、效果图。

2）结构设计：根据结构计算结果完成构件和界面的选配筋的设计，绘制结构施工图。

3）给水排水设计：用于给水、排水方面的计算与绘图。

4）暖通设计：用于取暖与通风方面的设计。

5）电气设计：用于强电弱电与消防方面的设计。

6）施工组织与设计：用于施工项目的项目管理、施工工艺的流程设计与优化、施工现场布置等。

7）工程项目的预决算等。

（3）AutoCAD 概述

AutoCAD 是美国 Autodesk（欧特克）公司在 20 世纪 80 年代开发的交互式绘图软件，它充分展示了 CAD 技术在图形设计领域的强大应用，在二维和三维图形绘制方面远胜于传统的手工绘制，在建筑、机械、电子、航天、工业设计、服装设计等领域得到广泛的应用，其中在建筑领域是设计人员、施工人员、工程监理人员等所依赖的重要工具。

2. AutoCAD2014 的用户界面

（1）启动 AutoCAD2014

找到 AutoCAD2014 的快捷方式图标，双击图标启动程序。

（2）"草图与注释"界面

AutoCAD2014 启动后，默认的界面是"草图与注释"界面（图 1-1）。

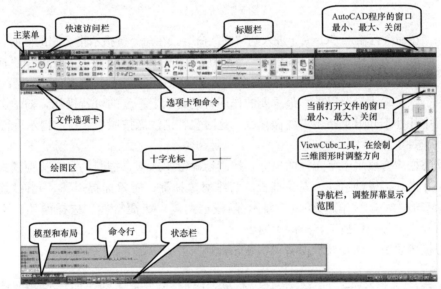

图 1-1 AutoCAD2014 的用户界面

1）主菜单

包括新建、打开、保存、另存为、输出、发布等文件操作命令，还可进行文件打印。

2）快速访问栏

将常用命令放置在快速访问栏。

3）标题栏

窗口最上方中间位置的标题栏显示当前运行的程序（AutoCAD2014）和当前使用的文件名称，新建一个文件时文件名称默认为 Drawing1.dwg，如果已保存文件或者打开已有文件，则显示该文件名称。

4）选项卡和命令

选项卡下集合了同类的命令。

对图形的绘制、编辑等命令大部分以按钮的形式显示，直接点击按钮就可以进入到命令。不同的选项卡下有不同类别的命令。在功能区的三角按钮 ▼ 表示在该面板中还隐藏着其他命令，展开后可以看到和点击其他的命令（图1-2）。

图1-2 选项卡和命令

5）命令行

点击命令按钮进入到绘制命令时，在命令行显示当前使用的命令，其中有操作的提示信息（图1-3）。

图1-3 命令行

例如，在命令行输入"circle"进入到"圆"命令，在命令行指示指定圆的圆心，另外有"三点""两点""切点、切点、半径"三个绘制圆方式的提示项。可以在此时用鼠标在绘图区点击圆心位置，也可以在命令行输入三个提示项后面的字母选择进入其他绘制圆的方式。

命令行除了输入命令以外，最重要的作用就是提示下一步的可行操作，初学者在绘制图形过程中往往不知道下一步需要做什么，这时要特别注意按照命令行的提示进行操作。

6）状态栏

在状态栏中有显示十字光标的坐标，控制精确绘图选项（推断约束、捕捉模式、栅格显示、正交模式、极轴追踪、对象捕捉、三维对象捕捉、对象捕捉追踪、允许/禁止动态UCS、动态输入、显示/隐藏线宽、显示/隐藏透明度、快捷特性、选择循环、注释监视器）的打开与关闭，切换工作空间等内容。

状态栏按钮中，高亮显示为启动状态，否则为关闭状态（图1-4）。

图1-4 状态栏

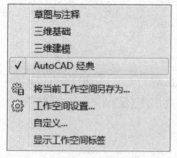

图1-5 界面切换

（3）"AutoCAD经典"界面

在界面右下角点击图标 ⚙，可以在弹出菜单中切换（图1-5）到"AutoCAD经典"界面（图1-6）。

在任意一个工具栏上右键可弹出菜单，控制各个工具栏的打开和关闭（图1-7）。

这两种界面最大的差别在于命令按钮的放置位置及菜单的形式不同，对于绘图结果没有影响，可根据需要自行选择合适的界面绘图。

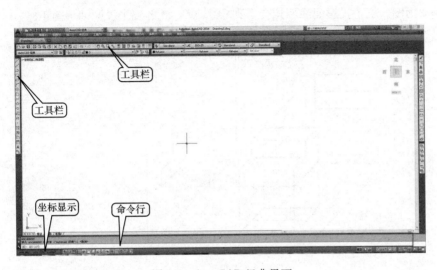

图 1-6 AutoCAD 经典界面

图 1-7 工具栏
右键菜单

子任务 2 了解三视图的形成过程

1. 投影的形成

在投影的概念中，把光源称为投影中心，光线称为投射线，落影的平面称为投影面，所形成的影子能反映物体形状的内外轮廓线称为投影（图 1-8）。

我们经常接触到的工程图样，就是采用了投影的方法，在二维的平面上画出三维的空间物体。

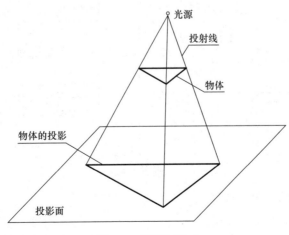

图 1-8 投影的形成

5

2. 三面正投影图

（1）投影体系的建立

在三面投影体系中，将处于正立位置的投影面称为正立投影面 V，V 面上的投影称为正面投影，也称正立面图；将处于水平位置的投影面称为水平投影面 H，H 面上的投影称为水平投影，也称平面图；将处于侧立位置的投影面称为侧立投影面 W，W 面上的投影称为侧面投影，也称侧立面图。三个投影面两两相交得到 OX、OY、OZ 三个投影轴（图 1-9）。

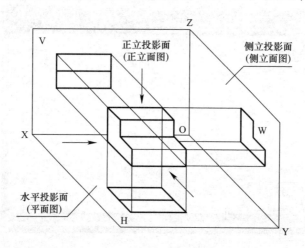

图 1-9　三面投影体系

（2）投影面的展开

在三面投影体系中，三个投影面是相互垂直的，三个投影图处在空间不同的平面上，需要将三个平面展开到同一平面中，便于读图。识读工程图纸时，即在同一平面中进行读图。

让 V 面保持不动，使 H 面绕 OX 轴向下旋转至与 V 面共面，使 W 面绕 OZ 轴向下旋转至与 V 面共面，如图 1-10 所示。此时正面投影、水平投影和侧面投影组成的投影图，称为物体的三面投影图。

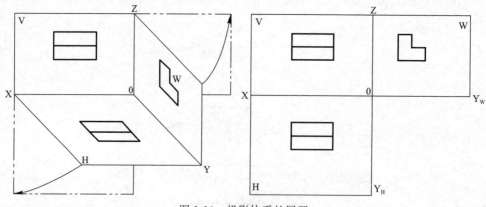

图 1-10　投影体系的展开

（3）三面投影图的对应关系

1）度量对应关系

三面投影图从不同方向表达同一物体，因此他们之间存在度量上的对应关系。如图 1-11

所示。

V、H 两面投影都反映物体长度，画图时，要使正面投影和水平投影在长度上对齐。

V、W 两面投影都反映物体宽度，画图时，要使正面投影和侧面投影在宽度上对齐。

H、W 两面投影都反映物体高度，画图时，要使水平投影和侧面投影在高度上对齐。

总结三面投影图的度量对应关系就是：长对正、高平齐、宽相等，简称为"三等原则"。

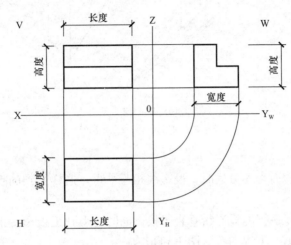

图 1-11　三面投影图的度量对应关系

2）位置对应关系

从图 1-12 中可看出，物体的三面投影图与物体之间的位置对应关系为：

正面投影反映物体的上下、左右位置；

水平投影反映物体的前后、左右位置；

侧面投影反映物体的上下、前后位置。

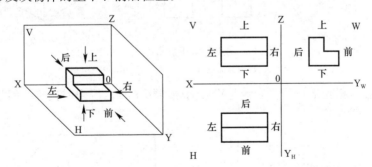

图 1-12　三面投影图的位置对应关系

【拓展提高】

投影法分类

投影的方法分为中心投影和平行投影两大类。

1. 中心投影

当投影中心与投影面为有限距离时，投影线从一点发散，这样得到的投影叫中心投影。中心投影得到的投影图不能准确表示形体的形状与大小，且不能度量，常用来绘制透视图（图 1-13）。

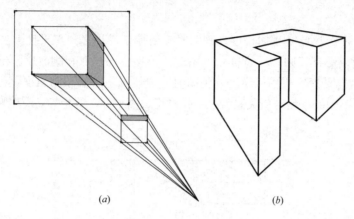

图 1-13 中心投影法

(*a*) 中心投影；(*b*) 两点透视图

2. 平行投影

当投影中心与投影面为无穷远时，投影线相互平行，这样得到的投影叫平行投影。平行投影分为两种：

（1）正投影：相互平行的投影线垂直于投影面时，得到正投影。正投影一般用于绘制形体三视图、正轴测图、工程图等（图 1-14）。

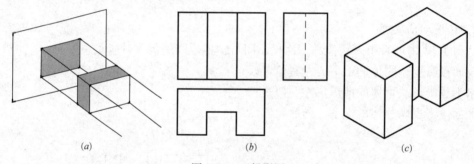

图 1-14 正投影图

(*a*) 正投影；(*b*) 三面投影图；(*c*) 正等测

（2）斜投影：相互平行的投影线与投影面倾斜相交时，得到斜投影。斜投影一般用于绘制斜轴测图（图 1-15）。

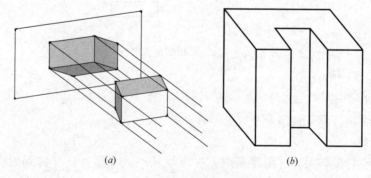

图 1-15 斜投影图

(*a*) 斜投影；(*b*) 斜二测图

子任务3 绘制简单形体三视图

绘制如图1-16所示形体的三视图。

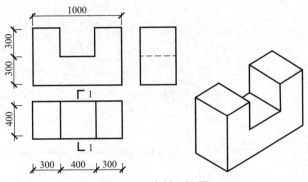

图1-16 绘制三视图

1. 绘制主视图

（1）步骤一：打开 AutoCAD2014

查看下面的状态栏，保证动态输入 为打开状态。

（2）步骤二：进入直线命令

在英文输入法下输入"L"（不分大小写），即在十字光标旁显示命令列表，列表中可见第一项"Line"显示为蓝色，直接按【Enter】键，或者用鼠标左键点击"Line"命令，即进入到直线命令（图1-17）。

（3）步骤三：绘制主视图中下面1000长直线

将十字光标放在绘图区，提示指定直线的第一个点，此时用光标在屏幕上点一个点（图1-18）。

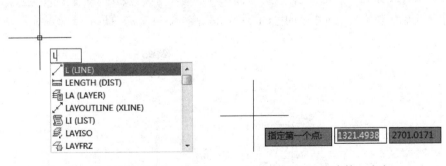

图1-17 进入直线命令   图1-18 点击第一个点

点击一点后提示指定下一点（图1-19），此时将光标放置与第一点水平位置，极轴显示0°，键盘输入1000，按【Enter】键确定（图1-20）。

图1-19 提示指定下一点   图1-20 向右绘制长度1000

（4）步骤四：绘制主视图其他直线

将十字光标放置从上一点垂直向上的方向，键盘输入 600，按【Enter】键确定（图 1-21）。

将十字光标放置从上一点水平向左的方向，键盘输入 300，按【Enter】键确定（图 1-22）。

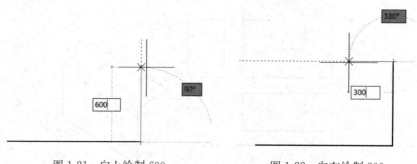

图 1-21　向上绘制 600　　　　　　图 1-22　向左绘制 300

将十字光标放置从上一点垂直向下的方向，键盘输入 300，按【Enter】键确定（图 1-23）。

将十字光标放置从上一点水平向左的方向，键盘输入 400，按【Enter】键确定（图 1-24）。

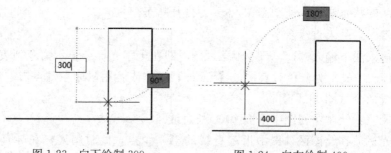

图 1-23　向下绘制 300　　　　　　图 1-24　向左绘制 400

将十字光标放置从上一点垂直向上的方向，键盘输入 300，按【Enter】键确定（图 1-25）。

将十字光标放置从上一点水平向左的方向，键盘输入 300，按【Enter】键确定（图 1-26）。

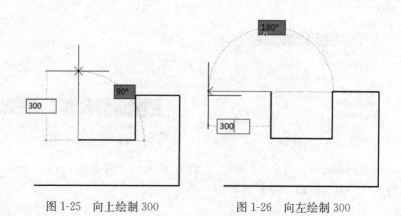

图 1-25　向上绘制 300　　　　　　图 1-26　向左绘制 300

将十字光标捕捉到第一个起始点，显示方块形状的捕捉点时，左键点击，使图形闭合（图 1-27）。

按【Enter】键结束命令（图 1-28）。

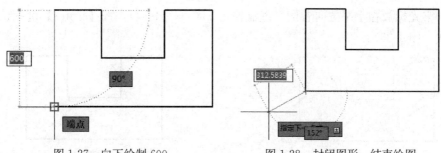

图 1-27　向下绘制 600　　　　　　　图 1-28　封闭图形，结束绘图

2. 绘制俯视图

步骤一：确定状态栏中"对象捕捉追踪"按钮 为高亮的打开状态。

步骤二：键盘输入"L"，按【Enter】键，进入到直线命令。

步骤三：将十字光标放置主视图的左下角（图 1-29），显示出方块形状的端点捕捉符号后，将鼠标向下移动，此时显示出极轴追踪线。此步骤只移动十字光标，不点击鼠标（图 1-30）。

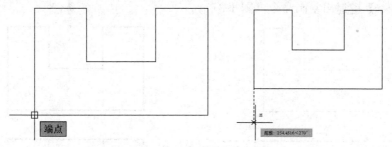

图 1-29　捕捉左下角端点　　　　　　图 1-30　向下追踪

步骤四：十字光标向下移动适当位置后点击鼠标左键，作为俯视图的第一点，然后按照绘制主视图的方法逐点绘制俯视图的四周线（图 1-31）。

步骤五：退出直线命令后键盘输入"CO"（即 Copy 的快捷键，不分大小写），进入复制命令，按【Enter】键确认。屏幕中显示"选择对象"，十字光标变成小方块，在左侧线上点击，选择该直线（图 1-32），按【Enter】键进入下一步，捕捉该直线上的一点并点击鼠标左键（图 1-33）

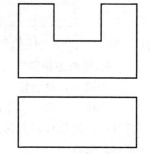

图 1-31　绘制水平投影矩形

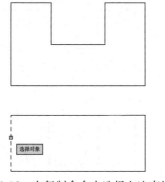

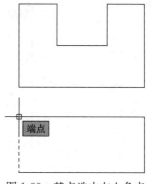

图 1-32　在复制命令中选择左边直线　　图 1-33　基点选中左上角点

将十字光标放在水平方向右侧，键盘输入 300（图 1-34），按【Enter】键确认复制出第一条线（图 1-35）。

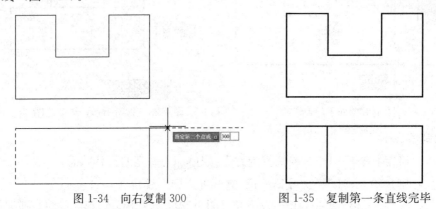

图 1-34　向右复制 300　　　　　　　　图 1-35　复制第一条直线完毕

键盘再输入 700，按【Enter】键确认复制出第二条线（图 1-36）。

按【Enter】键退出复制命令（图 1-37）。

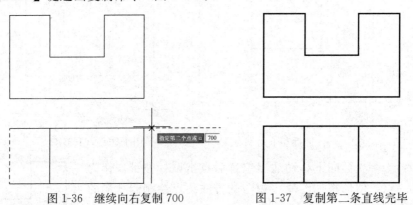

图 1-36　继续向右复制 700　　　　　　图 1-37　复制第二条直线完毕

3. 绘制左视图

步骤一：键盘输入 "L"，按【Enter】键，进入到直线命令。

步骤二：将十字光标停留在主视图的右上角（图 1-38），显示出方块形状的端点捕捉符号后，将鼠标向右移动，此时显示出极轴追踪线（图 1-39）。此步骤只移动十字光标，不点击鼠标。

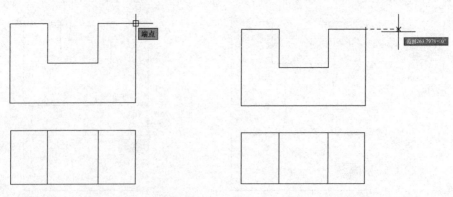

图 1-38　在直线命令中从右上角点开始追踪　　　　图 1-39　向右侧水平追踪

步骤三：十字光标向右移动适当位置后点击鼠标左键，作为左视图的第一点（图 1-40），然后按照绘制主视图的方法逐点绘制左视图的四周线（图 1-41）。

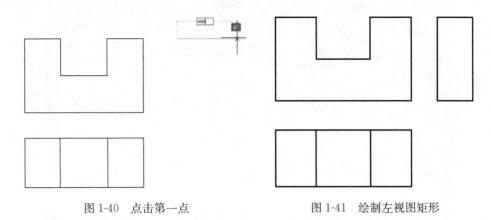

图 1-40 点击第一点　　　　　　　图 1-41 绘制左视图矩形

步骤四：按照俯视图中的做法将左视图上面的横线复制到中间（图 1-42 和图 1-43）。

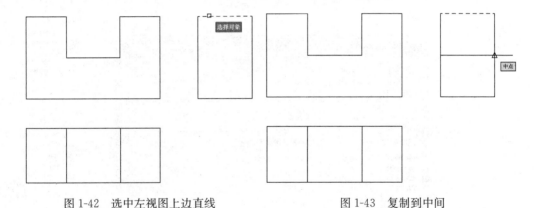

图 1-42 选中左视图上边直线　　　　　　图 1-43 复制到中间

步骤五：点击上面命令栏中的对象线型后面的三角（图 1-44），点击"其他"（图 1-45）。

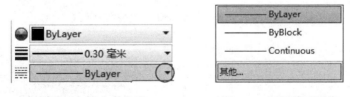

图 1-44 点击三角形　　　　　　图 1-45 展开线型列表

点击线型管理器对话框中的"加载"按钮（图 1-46）。

在加载或重载线性对话框列表中选择"DASHED"线型作为虚线（图 1-47）。点击"确定"按钮退出。

点击选择左视图中间的线（图 1-48），这时的选择不是在任何命令中进行，所以选择的线具有夹点显示。重新点击上面命令栏中的对象线型列表，选择刚刚加载过的"DASHED"线型（图 1-49），即将该线条设为虚线。

图 1-46 线型管理器对话框

图 1-47 选择"DASHED"线型作为虚线

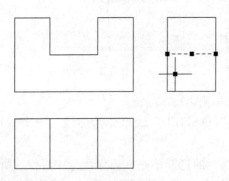

图 1-48 选择左视图
中间的线

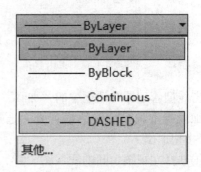

图 1-49 点击"DASHED"
将选择的直线设为虚线

此时的虚线显示效果不好（图 1-50）。

重新选择该线（图 1-51），在线上点击鼠标右键，点击列表中的"特性"（图 1-52）。

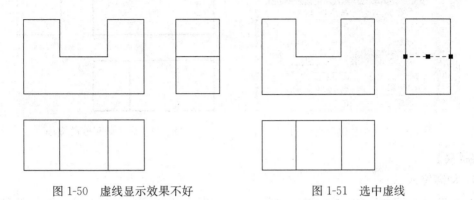

图 1-50　虚线显示效果不好　　　　　　　　　图 1-51　选中虚线

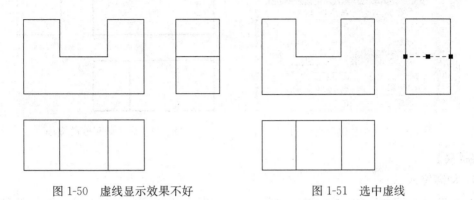

图 1-52　右键菜单中选择"特性"

将特性窗口中的"线型比例"调整为 5（图 1-53），按【Enter】键确定。按【Esc】键退出选择直线状态（图 1-54）。

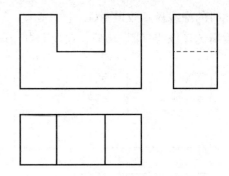

图1-53　"线型比例"调整为5　　　　图1-54　虚线效果修改完毕

【拓展提高】

1. 动态输入

在状态栏上有动态输入按钮 ，高亮显示时即为开启状态，动态输入可将键盘输入的命令、数字、选项字母等内容随十字光标显示，操作者不用经常看下面的命令行，大大提高了作图效率。

2. 极轴

极轴是在绘制中控制绘图中光标移动的角度和方向的，AutoCAD2014启动时极轴默认为开启状态，并且只能捕捉水平和垂直方向。如果想捕捉其他角度，可以在状态栏极轴按钮 上点击鼠标右键，在列表中选择角度（图1-55）。如果想要其他列表中没有的角度可点击"设置"，在"附加角"中新建角度，如图1-56所示中的新建"18°"。

图1-55　设置极轴追踪角度　　　　图1-56　设置附加角角度

只要确定增量角，光标在绘制时即可捕捉该角度及其整数倍的角度。例如将增量角设为30°，在绘制时即可捕捉0°、30°、60°、90°、120°、150°、180°、210°、240°、270°、300°、330°等角度。

打开极轴模式，在绘图捕捉角度时会显示一条无限长的极轴追踪线，只有该线出现后才能确定精确捕捉到了角度，在绘图中显示的数字角度是不精确的。

需要注意的是，在状态栏中还有一个"正交"按钮，它只能捕捉水平和垂直方向（分别平行于 X 轴或 Y 轴）的角度，不能捕捉其他方向。"正交"按钮和"极轴"按钮是互斥的，即打开其中一个开关时，另一个将自动关闭。当然，也可以两个同时关闭。

3. 直线命令的使用

直线命令是"Line"（快捷键为"L"）。

（1）在绘图区点击第一点移动鼠标，再在绘图区点击确定直线的另一点，这样一条直线绘制完成，这时还可以继续绘制接下来的直线，如果不想画，可以按一下【Esc】键结束当前命令。

（2）在绘制过程中按【F3】可以控制对象捕捉的开关，按【F10】可以控制极轴追踪的开关，按【F8】可控制正交模式的开关，按【F11】可以控制对象捕捉追踪的开关，按【F12】可以控制动态输入的开关。

（3）在刚刚结束绘制直线命令时，直接按【Enter】键可重复进入直线命令，再次按【Enter】键，十字光标将直接跳到上一次直线命令结束的最后一点作为本次直线的第一点。

4. 使用坐标输入

AutoCAD 的优点之一就是能精确绘制图形。在 AutoCAD 中绘制平面图时，经常使用系统默认的世界坐标系（WCS），包括 X 轴、Y 轴和 Z 轴，三个轴互相垂直，其原点位于三个坐标轴的交点处（图 1-57）。

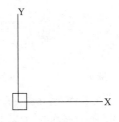

图 1-57　世界坐标系

世界坐标分为绝对坐标和相对坐标

（1）绝对坐标（针对原点）

1）绝对直角坐标：点到 X，Y 方向（有正负之分）的距离。输入方法：X，Y 的值，如：8，15。

2）绝对极坐标：点到坐标原点之间的距离是极半径，该连线与 X 轴正向之间的夹角度数为极角度数，正值为逆时针，负值为顺时针。输入方法：极半径＜极角度数，如：15＜30。

（2）相对坐标（针对上一点来说，把上一点看作原点）

1）相对直角坐标：是指该点与上一输入点之间的坐标差（有正负之分）相对的符号"@"。输入方法：@x，y，如：@4，7。

2）相对极坐标：是指该点与上一输入点之间的距离，该连线与 X 轴正向之间的夹角度数为极角度数，相对符号为@，正值为逆时针，负值为顺时针。输入方法：@x＜y，如：@15＜30。

例如，如图 1-58 所示的图形中，如果想从 A 点绘制到 B 点，可以在绘制 A 点后使用相对坐标@1000，600（图 1-59）。

图 1-58　B点距 A 点位置为向右 1000，向上 600　　　图 1-59　输入相对坐标@1000，600

如图 1-60 所示的图形中，如果想从 C 点绘制到 D 点，可以在绘制 C 点后使用相对坐标@1000＜145（图 1-61）。

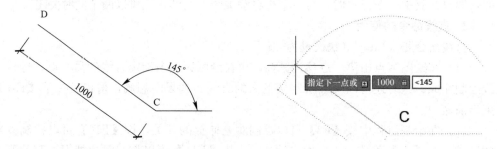

图 1-60　D 点距 C 点位置为逆时针 145°，距离 1000　　图 1-61　输入相对坐标@1000＜145

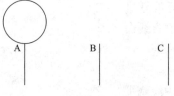

图 1-62　准备将圆从 A 点复制到 B、C 两点

5. 复制命令的使用

复制命令是"Copy"（快捷键为"CO"）。

（1）有基点复制

如果想将圆从 A 点复制到 B 点和 C 点就要用有基点复制，此时 A 点到 B 点和 C 点之间的间距并不知晓，如图 1-62 所示。

输入"CO"，回车确认，选择圆（图 1-63），回车进入下一步，点击 A 点作为基点（图 1-64）。

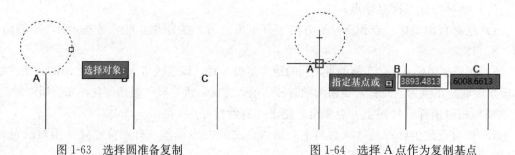

图 1-63　选择圆准备复制　　　　　图 1-64　选择 A 点作为复制基点

再分别点击 B（图 1-65）、C（图 1-66）两点即完成复制。

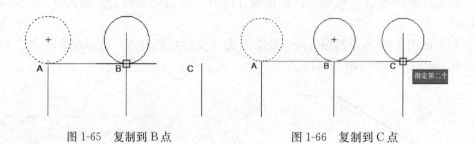

图 1-65　复制到 B 点　　　　　　　图 1-66　复制到 C 点

（2）无基点复制

如果只知道复制的方向和距离，没有复制目的地的参考点时，可用无基点复制的方法。例如图 1-67，若想将圆复制至左上方 45°方向，距离为 50 处。

选中圆（图1-68），键盘输入"CO"（图1-69）。

在绘图图区任意点击一点（可以是圆上一点，也可以是其他位置任一点），输入相对坐标@50＜135，即完成复制（图1-70、图1-71）。

（3）不同文件之间的复制

在一个AutoCAD文件中选择对象后按【Ctrl】＋C，然后切换到另一个文件中按【Ctrl】＋V，即可完成两个文件之间的对象复制。

图1-67 准备将圆复制至左上方45°方向，距离为50处

6. 三视图中的虚线

三视图投影中，某个投影方向上被遮挡的形体轮廓线用虚线表示（图1-72）。

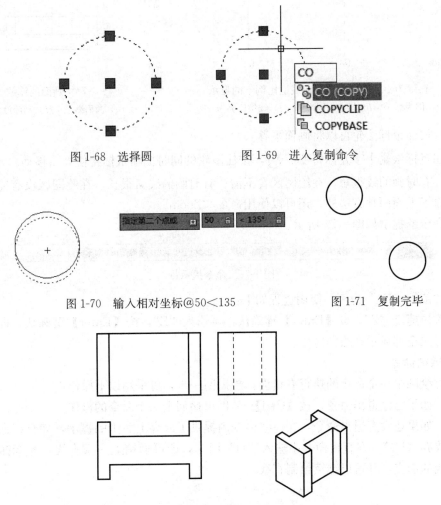

图1-68 选择圆   图1-69 进入复制命令

图1-70 输入相对坐标@50＜135   图1-71 复制完毕

图1-72 被遮挡的形体轮廓线用虚线表示

7. 线型比例

建筑工程图中常见的虚线、点画线等线型需要在图纸中以适当间距呈现，当设置好线型后，点击线条，右键菜单中选择"特性"（快捷键【Ctrl】＋1），可在线形比例中设置线型的比例大小，一般来说比例数字越大，线型中的间距越大；比例数字越小，线型中的间距越小（图1-73）。

8. 窗口画面操作

在 AutoCAD 绘图过程中经常遇到图形的大小和位置不合适的情况，以下做法能帮助绘图者能在更舒服的角度绘图。

（1）前后滚动鼠标滚轮可以让画面放大或缩小，此时不会改变绘制内容的大小，只是达到像眼睛离纸或远或近的效果。十字光标放至的位置是放大或缩小的中心。如果想把局部放大，只需要将十字光标放在要放大位置的附近向前滚动鼠标滚轮（图 1-74）。

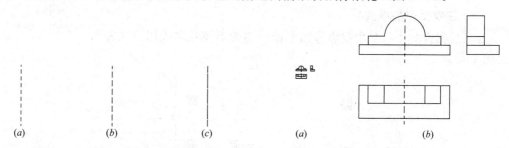

图 1-73　长度为 100 的虚线在不同线型比例下的显示

(*a*) 线型比例为 0.5；(*b*) 线型比例为 1；(*c*) 线型比例为 2

图 1-74　画面的缩放

(*a*) 画面缩小；(*b*) 画面放大

（2）按住鼠标滚轮可以将画面平移

按住鼠标滚轮十字光标将变成 🖑，按住滚轮的同时拖动鼠标将使画面移动。

（3）有时画的线很短，在绘图区看不清；有时画的线又很长，在绘图区没有完全显示出来，除了上面两种方法外，还可以使用命令"Zoom"。

该命令的提示如图 1-75 所示。

```
× 🔧 🔍 ▾ ZOOM [全部(A) 中心(C) 动态(D) 范围(E) 上一个(P) 比例(S) 窗口(W) 对象(O)] <实时>:
```

图 1-75　命令提示行

以"范围（E）"为例，使用过程如下：

输入快捷键"Z"，按【Enter】键确认，再输入"E"，按【Enter】键确认，即可使已绘制的对象全部显示在绘图区中。

9. 撤销命令

有时绘图中一个命令的执行有错误，想撤回一步，可采用以下操作：

（1）如果已经退出命令，按【Ctrl】+Z 即可撤回上一个命令的操作。

（2）如果还没有退出命令，在一些命令内提供了放弃上一步的提示，如直线命令中的提示"放弃（U）"，在直线命令中输入"U"回车，即可撤销上一条直线，光标撤回到上一个直线的起点，并可以继续绘制直线。

任务2　绘制组合体三视图

子任务1　绘制叠加体三视图

用 AutoCAD 绘制形体的三视图，形体两侧对称，最上方为半圆柱（图 1-76）。

1. 形体分析

该形体由上中下三个部分组成，其中上部为半圆柱，中部和下部都是长方体，组合关系为左右对称，后面对齐。图中没有标注尺寸，绘图时按照三等关系对其即可（图 1-77）。

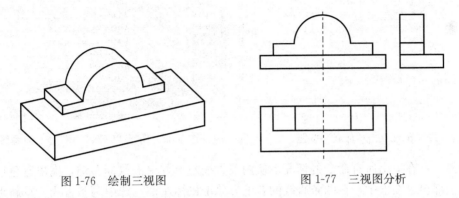

图 1-76   绘制三视图   图 1-77   三视图分析

2. 作图步骤

步骤一：键盘输入"L"，按【Enter】键确定，用直线命令绘制适当长度直线作为主视图对称线，按【Enter】键退出直线命令。再重新键盘输入"L"，按【Enter】键确定，将十字光标停留在直线下面端点片刻出现捕捉符号后，用对象捕捉追踪在上一条线的下面重新绘制一条适当长度的直线作为俯视图对称线（图 1-78）。

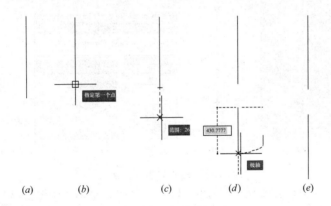

(a)   (b)   (c)   (d)   (e)

图 1-78   绘制两条中心线

(a) 绘制上面的中心线；(b) 选中直线的下部端点；(c) 向下追踪；
(d) 在竖直追踪线上点击一点作为起点；(e) 完成第二条线

步骤二：点击上面命令栏中的对象线型后面的三角（图 1-79），点击"其他"（图 1-80）。

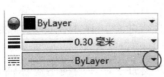

图 1-79   点击三角形   图 1-80   线型列表中点击"其他"

点击线型管理器对话框中的"加载"按钮（图 1-81），在加载或重载线性对话框列表中选择作为虚线（图 1-82）。点击"确定"按钮退出。

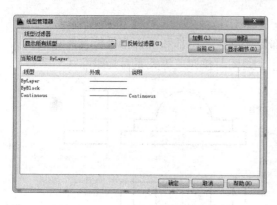 

图 1-81 点击"加载"按钮 　　　　　图 1-82 选择"CENTER"作为点画线

步骤三：在退出所有命令的情况下从两条直线左上方单击鼠标左键，拖出蓝色框，将两条线全部包含在框中，在两条直线的右下方单击鼠标左键，选中两条直线。重新点击上面命令栏中的对象线型列表，选择刚刚加载过的"CENTER"线型，即将该线条设为单点长画线（图 1-83）。

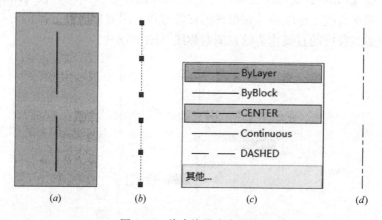

图 1-83 将直线设为点画线
(a) 从左向右拖出蓝框；(b) 选中直线；(c) 选择 CENTER；(d) 完成线型设置

同上一个任务中的虚线一样，如果此时的单点长画线显示效果不好，重新选择该线，在线上点击鼠标右键，点击列表中的"特性"，在其中改变"线型比例"。

步骤四：在下面状态栏中对象捕捉按钮 ▢ 上单击鼠标右键，在弹出菜单中点击"设置"（图 1-84）。在草图设置对话框中点击"全部选择"按钮，将所有的对象捕捉点都启用（图 1-85）。

步骤五：输入"L"，按【Enter】键，进入直线命令，在主视图对称轴上捕捉最近点（图 1-86），用鼠标左键点击，依次绘制直线（图 1-87）。

步骤六：输入"L"，按【Enter】键，进入直线命令，在俯视图对称轴上捕捉最近点，用鼠标左键点击。将十字光标停留在与主视图对齐的角点片刻出现捕捉符号。向下进行对象捕捉追踪，直至与起点水平对齐时点击鼠标左键，绘制出第一条线。绘制其他直线，至对称轴处闭合（图 1-88）。

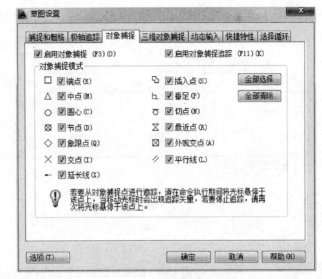

图 1-84　对象捕捉列表　　　　　　图 1-85　对象捕捉设置对话框

图 1-86　捕捉对称轴上的点　　　　　图 1-87　绘制左半部

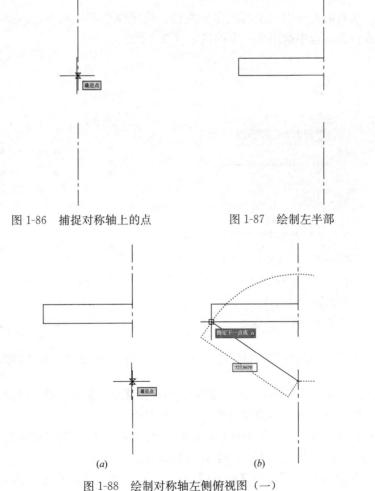

(*a*)　　　　　　　　　　　　　(*b*)

图 1-88　绘制对称轴左侧俯视图（一）

(*a*) 捕捉对称轴上的点；(*b*) 捕捉追踪主视图中左下角点

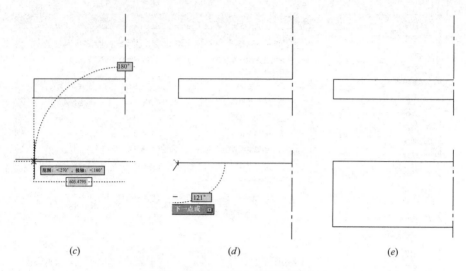

图 1-88　绘制对称轴左侧俯视图（二）

(*c*) 向下追踪；(*d*) 绘制俯视图第一条线；(*e*) 俯视图绘制完毕

步骤七：从右向左分别点击两次鼠标左键，拖出绿色框（图 1-89），与上下两个左侧投影图相交或包含，选中这两个一半的投影（图 1-90）。

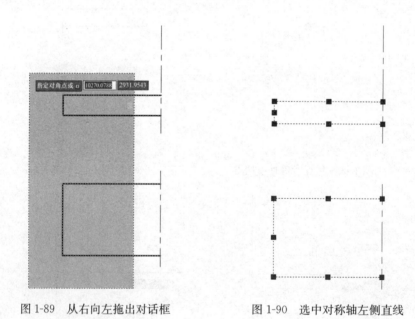

图 1-89　从右向左拖出对话框　　　　图 1-90　选中对称轴左侧直线

步骤八：键盘输入"MI"（mirror，镜像命令），按【Enter】键，进入镜像命令（图 1-91）。点击对称轴上面的点，作为镜像线的第一点（图 1-92）。

再点击对称轴下面的点，作为镜像线的第二点（图 1-93），此时提示是否删除原对象，默认"N"（图 1-94），直接按【Enter】键确认即可。

步骤九：键盘输入"L"，按【Enter】键，进入直线命令，在主视图对称轴上捕捉最近点，用鼠标左键点击，绘制图形如图 1-95 所示。

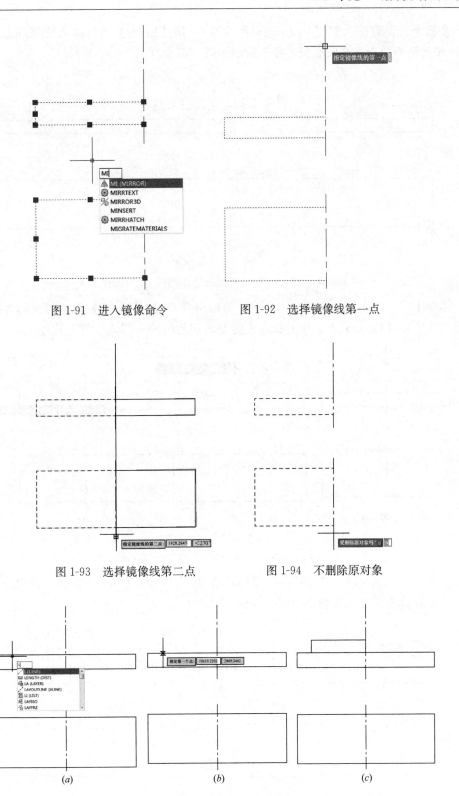

图 1-91　进入镜像命令　　　　　　　　图 1-92　选择镜像线第一点

图 1-93　选择镜像线第二点　　　　　　图 1-94　不删除原对象

(a)　　　　　　　　　　　(b)　　　　　　　　　　　(c)

图 1-95　绘制主视图中间部分左半部

(a) 进入直线命令；(b) 捕捉点作为起点；(c) 绘制完成

步骤十：键盘输入 "C"（circle，圆命令），按【Enter】键，进入绘制圆命令，点击图中 A 点作为圆心，选取适当半径，绘制出圆（图 1-96）。

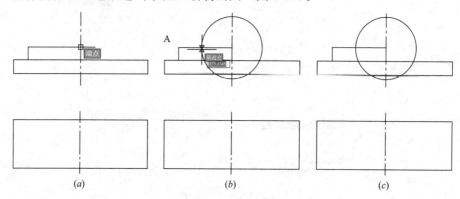

图 1-96　绘制圆

（*a*）点击点作为圆心；（*b*）选择适当半径；（*c*）圆绘制完毕

步骤十一：键盘输入 "TR"（trim，剪切命令），按【Enter】键，用光标选择图中两条线，再次按【Enter】键，用光标点击需要剪切的圆的一部分（图 1-97）。

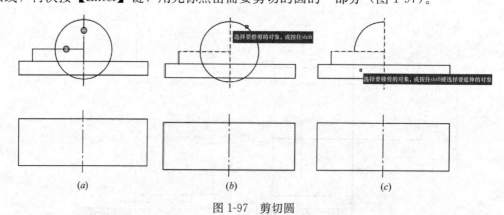

图 1-97　剪切圆

（*a*）选择剪切边界；（*b*）选择要剪切部分；（*c*）剪切完毕

步骤十二：键盘输入 "TR"，按【Enter】键，用光标选择图中圆弧，再次按【Enter】键，用光标点击需要剪切的直线的一部分（图 1-98）。

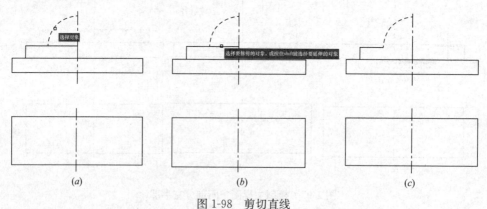

图 1-98　剪切直线

（*a*）选择圆弧作为边界；（*b*）剪切直线；（*c*）剪切完毕

步骤十三：键盘输入"L"，按【Enter】键，进入直线命令，将十字光标放置主视图中 A 点向下进行对象捕捉追踪至俯视图中上面横线，点击该点作为直线第一点。向下画适当长度，最后用水平直线闭合到对称轴（图 1-99）。

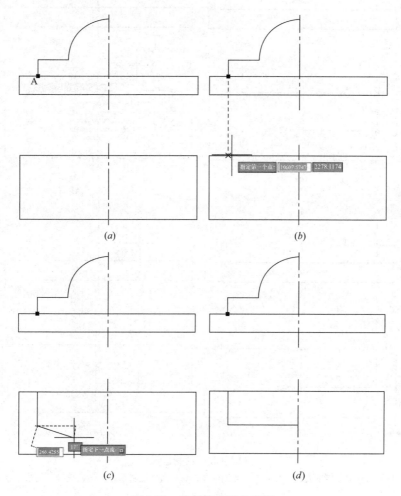

图 1-99　绘制俯视图左半部

（a）捕捉 A 点进行追踪；（b）向下追踪到横线点击线上点；（c）画竖线；（d）绘制完毕

步骤十四：点击图中直线，键盘输入"CO"，按【Enter】键，进入复制命令。

分别点击图中两个捕捉点，作为复制的第一个点和第二个点，按【Enter】键退出命令（图 1-100）。

步骤十五：选择形体中上半部分的左边一半投影（图 1-101）

键盘输入"MI"，按【Enter】键，进入镜像命令。分别点击对称轴上的两点作为镜像线的第一点和第二点。

此时提示是否删除原对象，默认选项为"N"，直接按【Enter】键确认（图 1-102）。

步骤十六：在下面状态栏上的极轴追踪按钮 上点击鼠标右键，在列表中选择 45°（图 1-103）。键盘输入"L"，按【Enter】键，进入直线命令，在主视图和俯视图右下角绘制一条水平方向向下的 45°直线，直线的长度要能包含俯视图的宽度（图 1-104）。

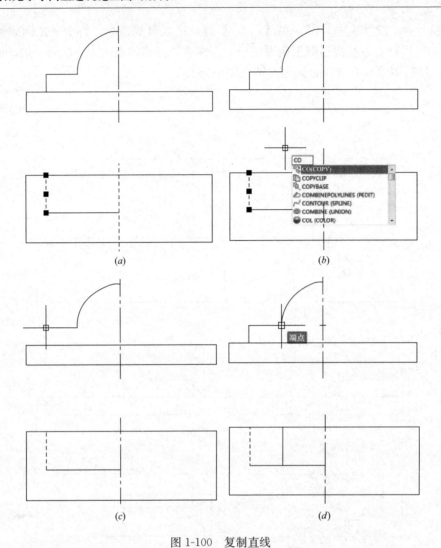

图 1-100 复制直线

（*a*）选择要复制的直线；（*b*）进入复制命令；（*c*）选择复制基点；（*d*）选择复制第二点

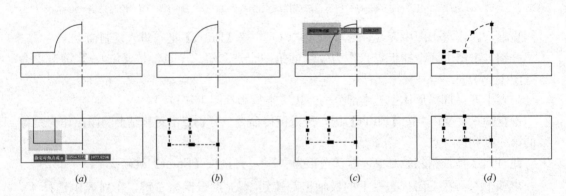

图 1-101 框选对象

（*a*）从右向左框选；（*b*）框选结果；（*c*）从右向左框选；（*d*）框选结果

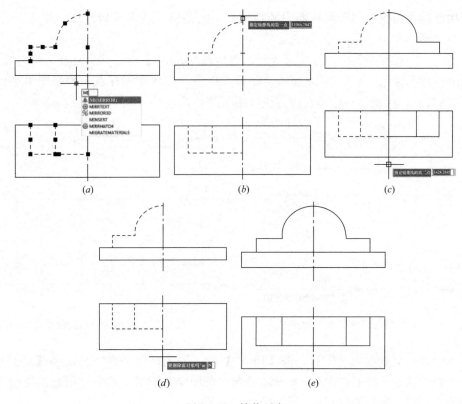

图 1-102　镜像对象

（a）选中要镜像的对象；（b）选择镜像线第一点；（c）选择镜像线第二点；（d）不删除原对象；（e）镜像完毕

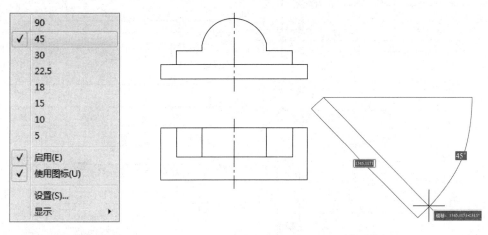

图 1-103　极轴追踪列表　　　　　　　　图 1-104　画 45°辅助线

步骤十七：键盘输入"XL"，按【Enter】键，进入构造线命令，按照命令行提示输入"H"，即为选择绘制水平构造线（图 1-105）。

XLINE 指定点或 [水平(H) 垂直(V) 角度(A) 二等分(B) 偏移(O)]:

图 1-105　在命令行提示中选择"水平（H）"

29

依次捕捉点击主视图和俯视图中的特征点，绘制出一些水平构造线。按【Enter】键退出命令（图 1-106）。

步骤十八：在刚刚退出构造线命令时，直接按【Enter】键，则重复进入构造线命令。按照命令行提示输入"V"，即为选择绘制垂直构造线。依次捕捉点击俯视图水平构造线与 45°线的交点，绘制出一些垂直构造线（图 1-107）。

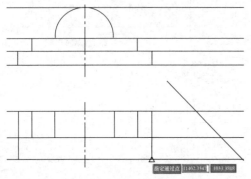

图 1-106　按照特征点绘制水平构造线

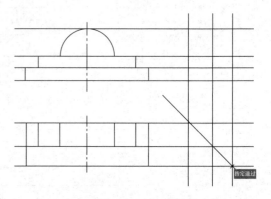

图 1-107　按照特征点绘制垂直构造线

步骤十九：键盘输入"TR"，按【Enter】键，进入修剪命令，再次按【Enter】键，直接进入修剪状态，按照如图 1-108 所示修剪（图中绿色框为从右向左用鼠标拖出的选择框，分别点击两次鼠标即可修剪）。

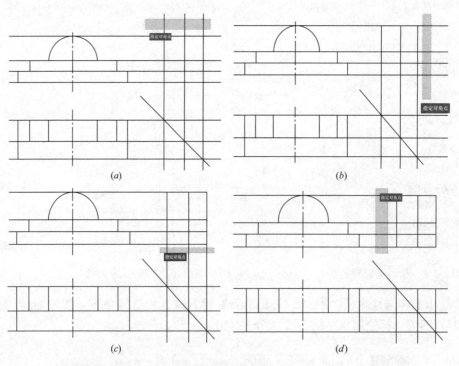

图 1-108　修剪多余线（一）

(a) 框选修剪多余线-1；(b) 框选修剪多余线-2；(c) 框选修剪多余线-3；(d) 框选修剪多余线-4

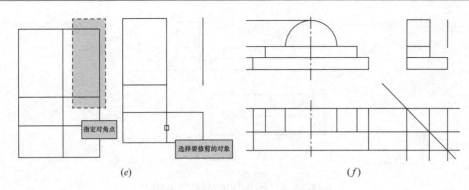

图 1-108 修剪多余线（二）

（e）框选修剪多余线-5；（f）左视图修剪完毕

步骤二十：按【Enter】键退出修剪命令，用十字光标点选图中直线，按【Delete】键将其删除（图 1-109）。

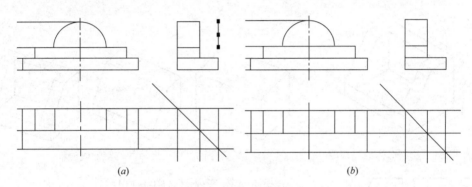

图 1-109 删除左视图多余直线

（a）选中直线；（b）删除

用十字光标框选图中直线（图 1-110）。

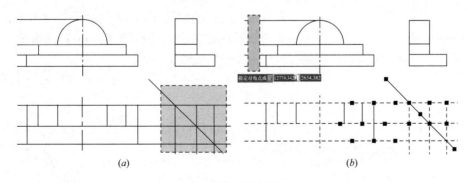

图 1-110 框选直线

（a）框选范围；（b）已选中的直线

按【Delete】键将其删除（图 1-111）。

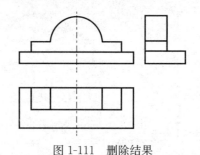

图 1-111　删除结果

子任务 2　绘制切割体三视图

用 AutoCAD 绘制如图 1-112 所示形体的三视图。

1. 形体分析

该形体由一个长方体分两次切割形成，绘制时先画原来的长方体三视图，然后逐步画每一次切割的三视图（图 1-113）。

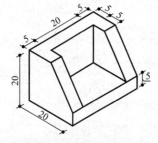

图 1-112　绘制形体的三视图

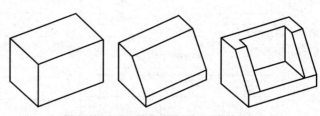

图 1-113　形体的切割形成过程

分析形体的三视图（图 1-114）。

2. 作图步骤

步骤一：键盘输入"L"（图 1-115），按【Enter】键确认，用十字光标在绘图区点击一点，然后向下画 20 长（图 1-116）。

向右画 30 长（图 1-117），向上画 20 长（图 1-118）。

捕捉起始点并点击，最后按【Enter】键退出，完成原长方体的主视图（图 1-119）。

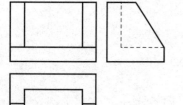

图 1-114　形体的三视图

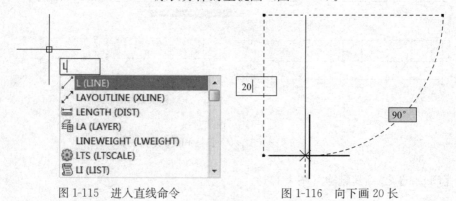

图 1-115　进入直线命令　　　　图 1-116　向下画 20 长

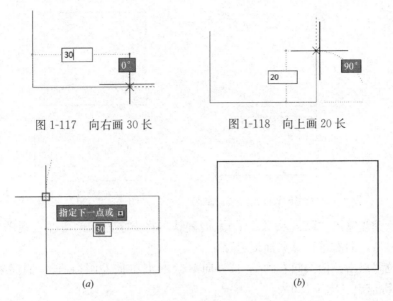

图 1-117 向右画 30 长   图 1-118 向上画 20 长

图 1-119 完成长方体主视图

(*a*) 捕捉起始点进行闭合；(*b*) 绘制完毕

步骤二：因为原长方体主视图和俯视图大小一样，所以这里将主视图垂直向下复制。从左向右用鼠标框选（图 1-120）主视图矩形（图 1-121）。

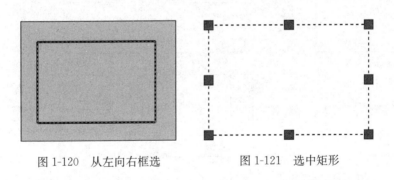

图 1-120 从左向右框选   图 1-121 选中矩形

键盘输入"CO"（图 1-122），鼠标左键点击矩形左上角作为基点（图 1-123）。

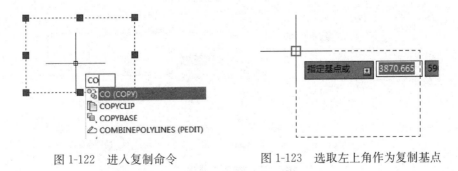

图 1-122 进入复制命令   图 1-123 选取左上角作为复制基点

将鼠标垂直向下进行移动（图 1-124），到适当位置点击作为复制后的第二点（图 1-125）。

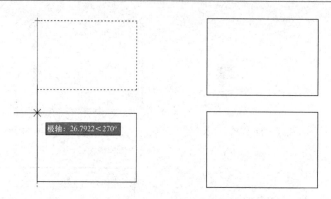

图 1-124 向下垂直方向进行复制　　　图 1-125 复制完毕

步骤三：键盘输入"L"，按【Enter】键确认，将十字光标停留在主视图右上角片刻出现捕捉符号后，向右进行对象捕捉追踪。

在适当位置点击，依次向右画 20 长，向下画 20 长，向左画 20 长，捕捉第一点闭合，按【Enter】键退出（图 1-126）。

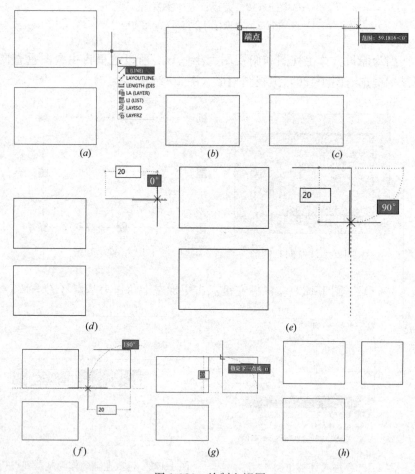

图 1-126 绘制左视图

(a) 进入直线命令；(b) 捕捉点准备追踪；(c) 向右追踪一定长度后点击作为第一点；

(d) 向右画 20；(e) 向下画 20；(f) 向左画 20；(g) 回到起点；(h) 绘制完毕

步骤四：选中主视图下面的线，键盘输入"CO"，按【Enter】键确认。捕捉点击该直线的中点，用十字光标追踪垂直向上的方向，输入"5"按【Enter】键确认（图1-127）。

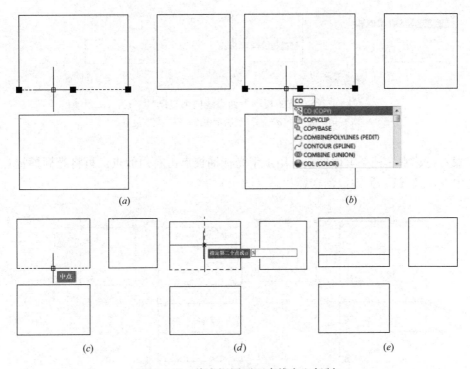

图1-127　将主视图下面直线向上复制

（a）选中直线；（b）进入复制命令；（c）选择基点；（d）向上复制长度为5；（e）复制完毕

步骤五：选中俯视图上面的直线，键盘输入"CO"，按【Enter】键确认。捕捉点击该直线左边的点作为复制基点，再捕捉点击左边直线的中点（三角形捕捉符号），复制完成（图1-128）。

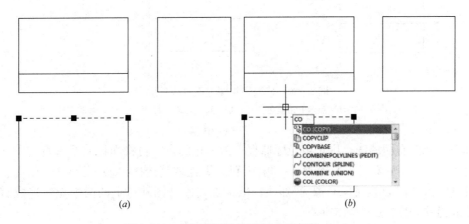

图1-128　将俯视图上面直线向下复制（一）

（a）选中直线；（b）进入复制命令

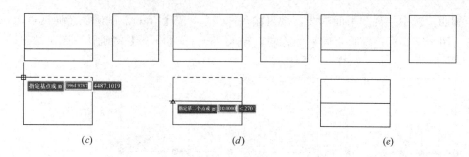

图 1-128 将俯视图上面直线向下复制（二）

(*c*) 选择基点；(*d*) 向下复制至中点；(*e*) 复制完毕

步骤六：选中左视图上面的线，用十字光标捕捉点击右边的点，再将光标捕捉点击该直线的中点，按【Esc】键取消选择状态（图 1-129）。

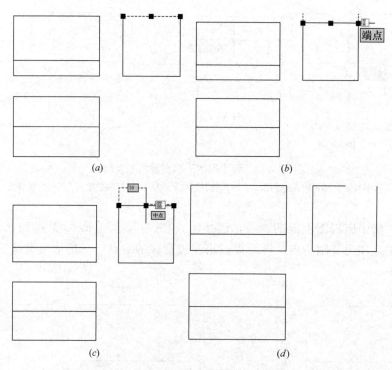

图 1-129 修改左视图上面直线长度

(*a*) 选中直线；(*b*) 点击右边蓝色夹点；(*c*) 将夹点向左移动 10；(*d*) 修改完毕

选中左视图右面的线，用十字光标捕捉点击上边的点，再将光标放至垂直向下的方向上，输入"15"，按【Enter】键确认，再按【Esc】键取消选择状态（图 1-130）。

键盘输入"L"，按【Enter】键确认，依次点击左视图缺口上的两个点，连成直线后按【Enter】键退出（图 1-131）。

步骤七：键盘输入"O"（Offset，偏移），按【Enter】键确认，提示"指定偏移距离"时输入"5"（图 1-132）。

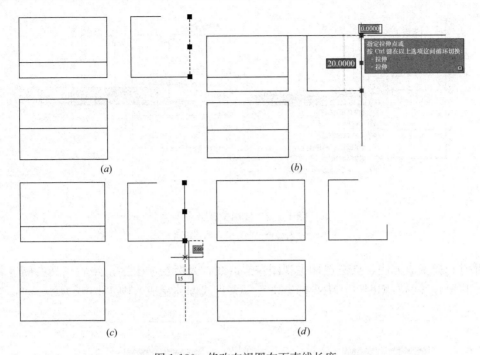

图 1-130　修改左视图右面直线长度

（a）选中直线；（b）点击上边蓝色夹点；（c）将夹点向下移动 15；（d）修改完毕

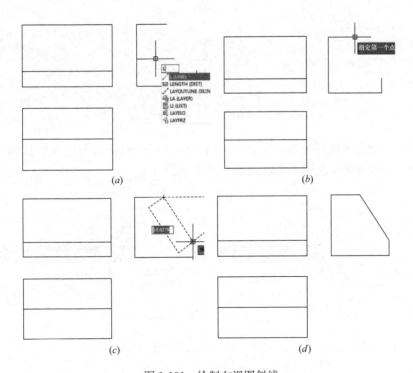

图 1-131　绘制左视图斜线

（a）进入直线命令；（b）点击直线第一点；（c）点击直线第二点；（d）绘制完毕

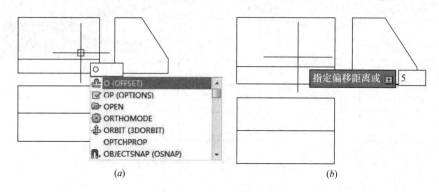

图 1-132　使用偏移命令

（a）进入命令；（b）输入偏移距离 5

此时光标变成方块，点击选择主视图左边的线，光标变成十字，然后在其右侧（距离随意，只要在线的右侧即可）用光标点击，一条直线偏移完成（图 1-133）。

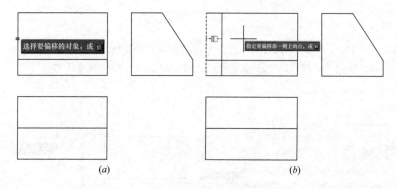

图 1-133　偏移直线

（a）点击要偏移的直线；（b）在右侧点击进行偏移

此时光标又变成方块，无需退出命令，可继续进行偏移，点击选择主视图右边的线，光标变成十字，然后在其左侧用光标点击（图 1-134）。

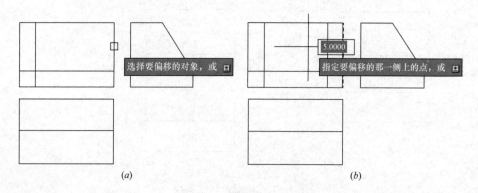

图 1-134　继续偏移直线

（a）点击要偏移的直线；（b）在左侧点击进行偏移

继续将俯视图中的上边线向下偏移（图 1-135）。

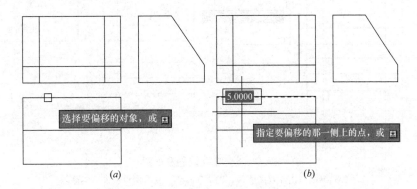

图 1-135 继续偏移俯视图

(a) 继续点击要偏移的直线；(b) 在下侧点击进行偏移

左边的线向右偏移（图 1-136）。

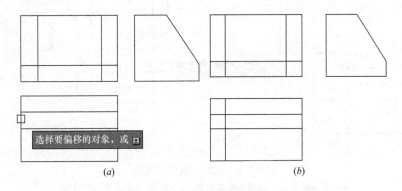

图 1-136 继续偏移俯视图

(a) 继续点击俯视图要偏移的直线；(b) 在右侧点击进行偏移

右边的线向左偏移（图 1-137）。

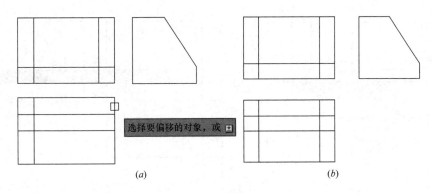

图 1-137 继续偏移俯视图

(a) 继续点击俯视图要偏移的直线；(b) 在左侧点击进行偏移

左视图中左边线向右偏移（图 1-138）。

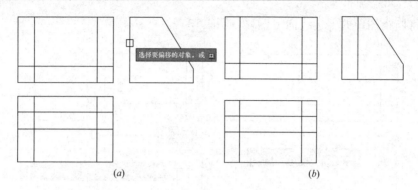

图 1-138 继续偏移左视图

（a）继续点击左视图要偏移的直线；（b）在右侧点击进行偏移

下边线向上偏移（图 1-139）。

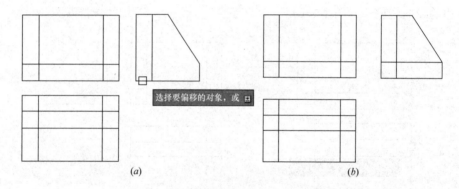

图 1-139 继续偏移左视图

（a）继续点击左视图要偏移的直线；（b）在上侧点击进行偏移

步骤八：键盘输入"TR"，连续按两次【Enter】确认，点击下图中标注红色的部分进行修剪（图 1-140）。

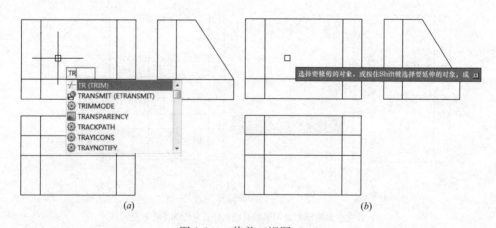

图 1-140 修剪三视图（一）

（a）进入修剪命令；（b）光标变成方块准备修剪

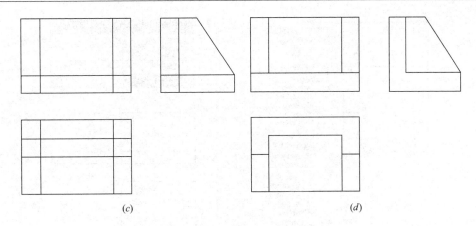

(c)　　　　　　　　　　　　　(d)

图 1-140　修剪三视图（二）

(c) 点击红色部分进行修剪；(d) 修剪完毕

步骤九：点击上面命令栏中的对象线型后面的三角（图 1-141），点击"其他"（图 1-142），在线型管理器对话框中加载"DASHED"线型作为虚线。

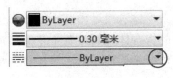
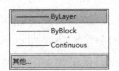

图 1-141　点击三角　　　　　图 1-142　点击"其他"

点击选择左视图中间的两条线，点击上面命令栏中的对象线型列表，选择刚刚加载过的"DASHED"线型，即将该两条线设为虚线（图 1-143）。

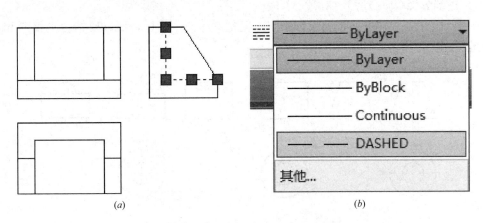

(a)　　　　　　　　　　　　　(b)

图 1-143　将左视图不可见线改为虚线

(a) 选择直线；(b) 修改为"DASHED"线型

此时的虚线显示效果不好，在线上点击鼠标右键，点击列表中的"特性"，将"线形比例"设为 0.5（图 1-144）。

41

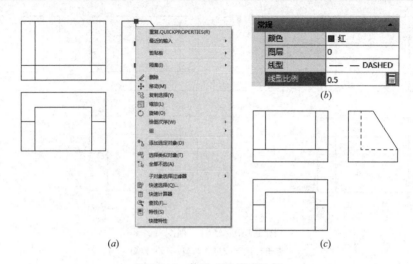

图 1-144 修改虚线线型比例

(a) 选中两条虚线线进入右键菜单"特性";(b) 修改线型比例;(c) 修改完毕

【拓展提高】

1. 组合体的形体分析法

形体分析法是在绘制和阅读工程图时把复杂形体看成是由若干简单形体通过叠加、切割等方式组合而成的分析方法,即将形状复杂的组合体分解为若干个简单形体进行分析研究的方法。它帮助我们化难为易,将复杂的立体分解为简单的立体,其主要任务是分析:

1)立体可分为几部分?

2)各部分是哪种形体?

3)各部分组合方式如何?

4)各部分相互位置关系如何?

5)各部分交线(分界)如何?

图 1-145 中各形体的俯视图投影相同,但是形体并不一样,所以要结合主视图和左视图来进行综合分析。

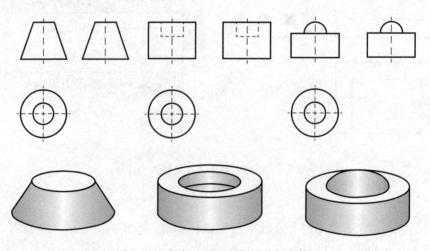

图 1-145 根据三面正投影图分析形体

（1）叠加体

由若干基本形体拼合而成。如图 1-146 所示的物体为三部分组成，上部为长方体，中部为四棱台，下部为长方体，三个部分在中心线上对齐进行叠加。

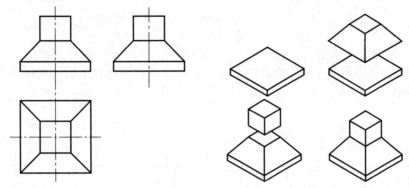

图 1-146 叠加体

（2）切割体

由基本形体切割掉某些部分而成。如图 1-147 所示的物体由长方体切割而成，首先从侧面投影角度由左向右切割掉一个三棱柱，然后在中间部分切割掉一个三棱柱。

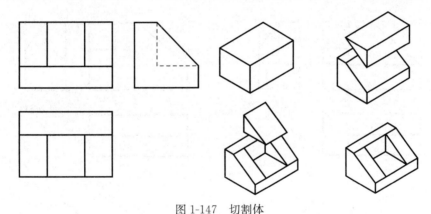

图 1-147 切割体

（3）混合体

由基本形体叠加与切割综合而成。如图 1-148 所示的物体是由上部分的四棱柱和下部分的长方体叠加，再在下部分的长方体上切割掉一个小长方体而成。

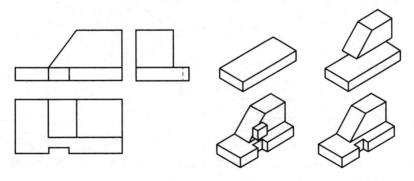

图 1-148 混合体

2. 形体表面之间的关系

形体分析法是假想把形体分解为若干基本几何体或简单形体，只是化繁为简的一种思考和分析问题的方法，实际上形体并非被分解，故需注意整体组合时两个形体中平面衔接处的关系。

（1）对齐共面衔接处无线

如图 1-149 所示，物体由 1、2、3 三个部分组成，在绘制三面投影图时分别依次绘制 1、2、3 的投影图，但是 1 和 3 组合时前面的平面共面，该处无平面的交线，所以最后在加深图线时取消图中所示图线。

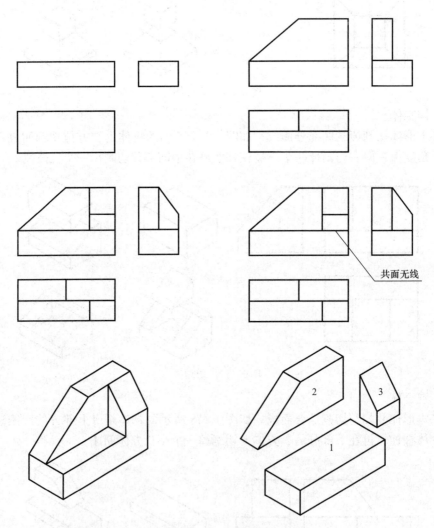

共面无线

图 1-149　对齐共面衔接处无线

（2）曲面相切处无线

如图 1-150 所示，物体由上部分半圆柱体和下部分长方体组合，在绘制三面投影图时分别绘制两部分的投影图，但两部分不仅在前面两平面共面无交线，侧面还有上部分的圆柱面和下部分的平面相切无线，故在加深图线时将其去掉。

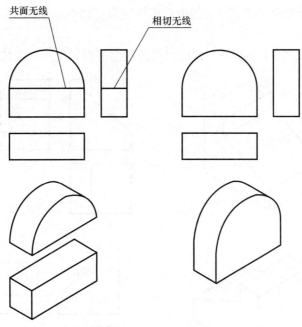

共面无线

相切无线

图 1-150　曲面相切处无线

3. 组合体投影视图的选择

将模型在投影体系中适当摆放，摆放模型时应满足以下几个条件：

（1）使物体处于正常的工作状态，物体放置平稳，端面与投影面平行。

图 1-151 中表示建筑模型投影时不同的摆放位置，其中图 1-151（*a*）位置是建筑的正常工作状态。

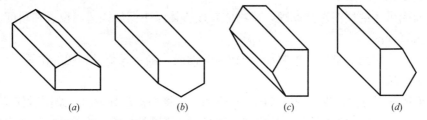

（*a*）　　　　　（*b*）　　　　　（*c*）　　　　　（*d*）

图 1-151　物体的投影摆放位置应使物体处于正常的工作状态

（2）应选择能够反映物体的形状特征和结构特征的方向作为正面投影或水平投影。

图 1-152 模型的几个投影中，1 面的投影最能反映物体的形状特征，故将物体摆放到图示位置，使 1 面投影到 V 面上形成正面投影。

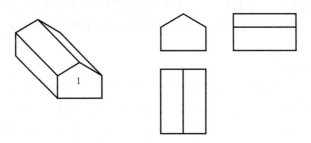

图 1-152　物体的 V 面（或 H 面）投影应显示物体的特征

45

（3）各投影面投影的虚线应尽可能少，虚线越多，越不好绘图和识图，也不便于标注尺寸。

图1-153中物体的第1个摆放位置可以避免侧立面投影上产生虚线。

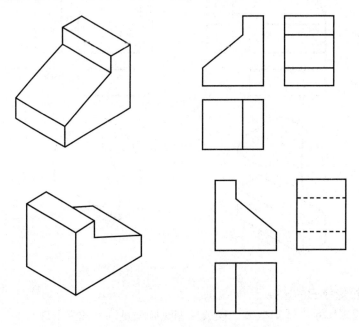

图1-153　物体摆放位置应使投影虚线尽量少

4. 组合体投影视图绘图步骤

（1）确定物体摆放位置

根据前面讲述的视图选择原理，将物体在投影体系中摆放在适当位置和角度。

（2）布置视图

绘制三面投影图的坐标，绘制45°线作为辅助线，确定各个投影图的位置。

（3）画底稿

根据形体分析方法，逐个画出各部分投影图，再将切割部分画出。绘制时保持三面投影的"长对正、高平齐、宽相等"三等原则。注意三个视图的间距，为尺寸标注留出位置。

（4）加深图线

将图线加深加粗，将不可见线绘制成虚线。

如图1-154所示，物体由1、2两部分叠加，再切割掉3。绘制三面投影图时，首先绘制坐标轴，然后绘制部分1的投影，在部分1的基础上叠加绘制部分2，在部分2的基础上绘制切割部分3的图线，最后在加深图线时将可见线用粗线加深，将不可见线绘制成虚线。

5. AutoCAD 中对象的选择

无论是在某些命令中还是退出所有命令的状态下，经常需要选择一些对象进行编辑，此时需要从大量的对象中快速地选择所需要的对象，故需要以下方法。

（1）从左向右分别单击鼠标左键两次，拖出一个蓝色的框，则全部被包含在框中的对象会被选中。

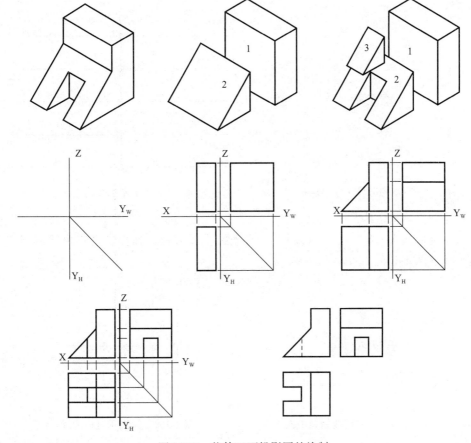

图 1-154　物体三面投影图的绘制

（2）从右向左分别单击鼠标左键两次，拖出一个绿色的框，则全部被包含在框中的对象和未全部包含但与框相交的对象会被选中。

（3）依次单击对象为加选。

（4）按住键盘【Shift】键同时用十字光标点击物体为减选。

6. 【Enter】回车键和【Space】空格键的使用

（1）在键盘输入命令或快捷键后按【Enter】键或【Space】键的作用相同，都是确定命令的执行。

（2）除了 Dtext（单行文字）等个别命令必须用【Enter】键结束外，其余大部分的命令都可以用【Enter】键或【Space】键结束。

（3）在刚刚结束一个命令时，按【Enter】键或【Space】键都可以重新进入到上一个命令。

7. 构造线命令的使用

构造线命令为"Xline"（快捷键为"XL"），可以绘制无限长的直线。

（1）绘制任意角度构造线

点击一点作为基准点，用极轴追踪捕捉需要的角度，或点击任意角度。

（2）绘制水平构造线

进入命令后输入"H"（图 1-155），十字光标变成方块，捕捉参考点可绘制出一系列水平构造线（图1-156）。

图1-155 在构造线命令中输入H   图1-156 绘制水平构造线

（3）绘制垂直构造线

进入命令后输入"V"（图1-157），十字光标变成方块，捕捉参考点可绘制出一系列垂直构造线（图1-158）。

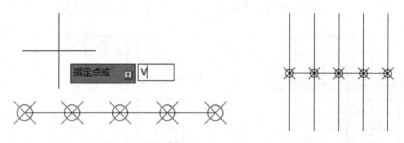

图1-157 在构造线命令中输入V   图1-158 绘制垂直构造线

8. 修剪命令的使用

修剪命令为"Trim"（快捷键"TR"），用于剪掉一个线条中的某一段，这个线条应该被其他直线相交。

（1）第一种用法用于剪切最短的一段

键盘输入"TR"，连续按2次【Enter】键，（跳过选择边界步骤）。

如图1-159所示，现在要修剪掉BC段直线，可进行如下操作：

键盘输入"TR"，连续按2次【Enter】键，直接用光标点击BC段直线（图1-160）。

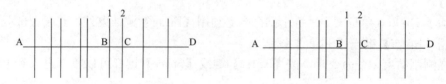

图1-159 想要修剪掉BC段直线   图1-160 连续按2次【Enter】键可直接修剪

这种方法无需选择边界，速度较快。

（2）第二种用法用于修剪较长（交点较多）的一段

键盘输入"TR"，按【Enter】键，用光标点击修剪边界线，再次按【Enter】键，光标点击要修剪的线。

如图1-161所示，现在要修剪掉BC段直线，可进行如下操作：

键盘输入"TR",按【Enter】键,直接用光标点击直线 1 作为修剪边界,再次按【Enter】键,光标点击 BC 段直线(图 1-162)。

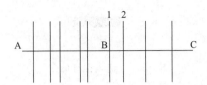

图 1-161 想修剪掉 B 点至 C 点的水平线

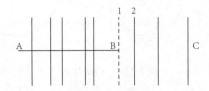

图 1-162 选择 1 线作为边界进行修剪

9. 删除命令的使用

(1) 在十字光标为 ╬ 形状(即未执行任何命令时),选中要删除的对象,按【Delete】键即可删除。

(2) 在十字光标为 ╬ 形状(即未执行任何命令时),选中要删除的对象,按"E"(E-rase,删除),之后按【Enter】键确认,即可删除。

10. AutoCAD 命令的执行

(1) 对于绘图命令,要在光标显示 ╬ 时键盘输入命令(如 Line),或输入快捷键(如 L),按【Enter】键确认即可进入命令。

(2) 对于对象编辑命令,有两种方式。

1) 先选择对象,再输入命令,按【Enter】键确认;

2) 先输入命令,按【Enter】键确认,在命令内提示下选择对象。

(3) 直接点击按钮执行命令。

11.【Esc】键的使用

(1) 退出正在执行的命令。

(2) 取消物体无命令的选择状态,选择状态可以用【Esc】键取消,如图 1-163 所示。

12. 偏移命令的使用

偏移命令为"Offset"(快捷键"O"),即等距偏移,可以绘制出同心圆、平行线和平行曲线等具有继承关系的图形。

偏移距离有两种指定方式,一是直接输入数字,二是用光标点击两次量取长度。

例如,绘制图 1-164 中的同心圆,可按照以下的步骤:

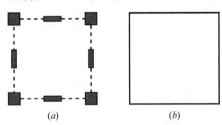

(a)   (b)

图 1-163 取消选择状态
(a) 选择物体;(b)【Esc】键取消选择

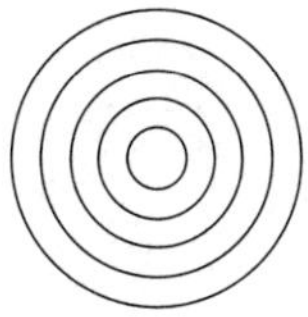

图 1-164 绘制同心圆

(1) 点击圆按钮 ⊙,绘制半径为 100 的圆(图 1-165)。

(2) 输入"O"进入偏移命令,在提示"指定偏移距离"时输入 20(图 1-166)。

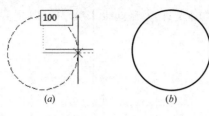 

图 1-165　绘制半径为 100 的圆　　　　图 1-166　进入偏移命令
（a）输入半径 100；（b）绘制完毕

（3）选择圆，然后在圆的内侧或外侧点击即完成偏移，可重复此过程（图 1-167）。

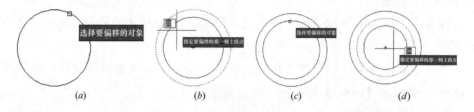

图 1-167　偏移出同心圆
（a）选择圆；（b）向内偏移；（c）继续选择圆；（d）再次偏移

单元 2 绘制建筑平面图

【知识目标】

1. 掌握建筑的开间和进深概念。
2. 掌握多线样式的设置方式和多线的绘制方式。
3. 掌握圆弧、多段线等绘制方式，掌握剪切等修改命令的使用方式。
4. 掌握图层的使用。

【能力目标】

1. 能按开间、进深尺寸绘制轴网。
2. 能绘制指定厚度的墙体，绘制柱子。
3. 能在墙体上绘制门窗洞口，添加门窗。
4. 能绘制门口台阶。

【素质目标】

培养学生认真倾听，独立操作能力。

【任务介绍】

根据阳光小学的门卫设计，用 AutoCAD 绘制其建筑施工图（图 2-1）。

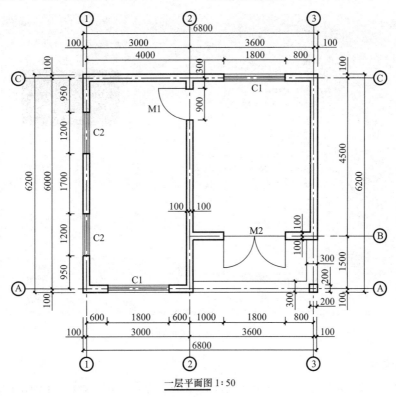

一层平面图 1:50

图 2-1 绘制一层平面图

绘制要求：

1. 绘制出轴网。
2. 绘制出墙和柱。
3. 绘制出门窗。
4. 绘制出门口台阶。

【任务分析】

1. 用单点长画线绘制轴网。
2. 用多线绘制墙，用矩形绘制柱。
3. 用多线绘制窗，用圆弧绘制门。
4. 用多段线绘制台阶。
5. 建立合适的图层。
6. 有时几个命令都能实现相同的效果，在绘图中灵活使用各个命令。

任务1 绘制轴网

1. 新建文件

点击 AutoCAD 界面中左上方快速启动栏中的"新建"按钮，在弹出的选择样板对话框中默认打开的图形样板为"acadiso.dwt"文件，直接点击"打开"按钮（图2-2）。

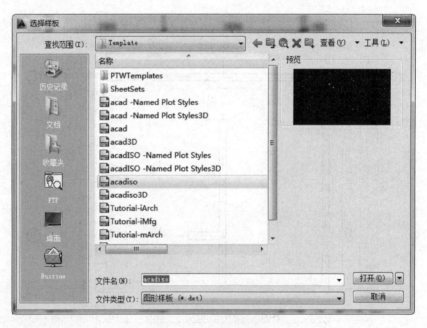

图2-2 选择图形样板

2. 保存文件

点击 AutoCAD 界面中左上方快速启动栏中的"保存"按钮，在弹出的图形另存为对话框中设置文件保存的路径、名称和文件类型。AutoCAD2014 版本默认保存的文件类型为"AutoCAD2013 图形"。

3. 新建"轴网"图层

（1）使用命令"LA"（Layer，图层管理器），或者点击按钮 ，进入到图层管理器，可看到已经有一个"0"图层。

（2）点击按钮 新建图层，将名称改为"轴网"，点击该行中线型下的"Continuous"文字，在"选择线型"对话框中加载（图 2-3），将其加载为"CENTER"单点长画线（图 2-4）。

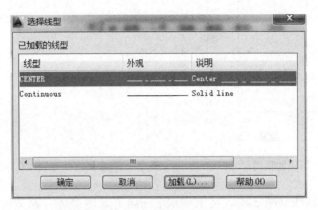

图 2-3 为"轴网"图层设置"CENTER"线型

图 2-4 "轴网"图层建立完毕

（3）点击"轴线"图层中的颜色块，在弹出的选择颜色对话框中选择一个颜色。一般来说不同的图层用不同的颜色，在绘图时方便管理（图 2-5）。

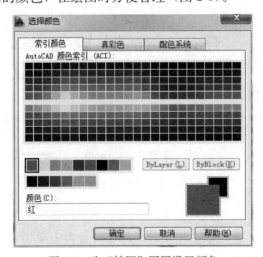

图 2-5 为"轴网"图层设置颜色

（4）选中轴网图层，点击✔️置为当前层。

4. 绘制轴网

轴网尺寸如图 2-6 所示。

绘制一条垂直长度为 6000 的直线，然后依次向右偏移 3000、3600（图 2-7）。

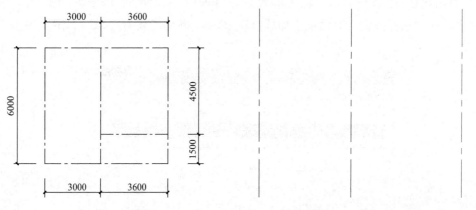

图 2-6　平面图中的轴网尺寸　　　　图 2-7　将左侧直线分别向右偏移 3000、3600

连接上下水平轴线（图 2-8），将上侧水平线向下偏移 4500，修剪局部轴线（图 2-9）。

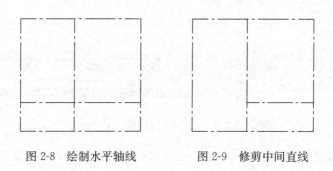

图 2-8　绘制水平轴线　　　　图 2-9　修剪中间直线

任务 2　绘 制 墙 柱

1. 新建"墙柱"图层

进入到图层管理器中，新建"墙柱"图层，设置线型为实线，线宽为 1mm（图 2-10）。

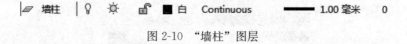

图 2-10　"墙柱"图层

2. 设置多线样式

键盘输入"Mlstyle"进入多线样式对话框，可看到当前样式为"SDANDARD"，下面的预览窗口中显示有两条线（图 2-11）。

图 2-11　进入多线样式对话框

进入到"修改"按钮中查看，可看到图元偏移分别为 0.5 和 −0.5，即假设墙厚为 1，则参考线两侧各 0.5 厚。

本任务中，轴线均与墙的中心线重合，墙厚 200，则轴线两侧各 100，与"SDAN-DARD"样式相同，可以直接使用该样式绘制墙体（图 2-12）。

3. 绘制墙体

（1）绘制墙体

键盘输入"ML"（Mline，多线），进入多线命令，在出现以下提示时，依次输入 J、Z、S（每次输入字母后按【Enter】键确认），进行以下设置：

指定起点或［对正（J）/比例（S）/样式（ST）］：j

输入对正类型［上（T）/无（Z）/下（B）］＜上＞：z

指定起点或［对正（J）/比例（S）/样式（ST）］：s

输入多线比例＜20.00＞：200

此时已设置为参考线居于多线中心线，且两条多线间距为 200，从点 1 依次点击 2、3 到点 4（图 2-13）。

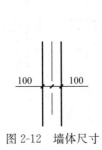

图 2-12　墙体尺寸

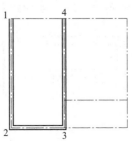

图 2-13　用多线绘制墙体

55

再次输入"ML"进入多线命令，此时命令行提示如下，说明当前对正和比例均采用上一次绘图设置为默认设置，故此时可不用再进行重新设置，直接绘制多线。依次点击1、5、6、7，墙体绘制完成（图2-14）。

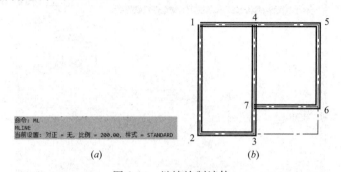

图2-14　继续绘制墙体

（*a*）再次进入多线命令默认为上次设置；（*b*）绘制墙体完毕

（2）编辑墙体多线

双击已绘制好的多线，在弹出的窗口点击"角点结合"按钮（图2-15）。

图2-15　进入多线编辑选择"角点结合"

分别点击点1的两条多线，即编辑好点1所在的多线（图2-16）。

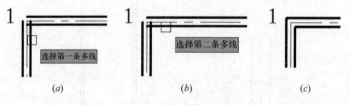

图2-16　用"角点结合"编辑多线

（*a*）选择第一条多线；（*b*）选择第二条多线；（*c*）编辑完毕

再次双击多线，在弹出的窗口点击"T形打开"按钮（图2-17）。

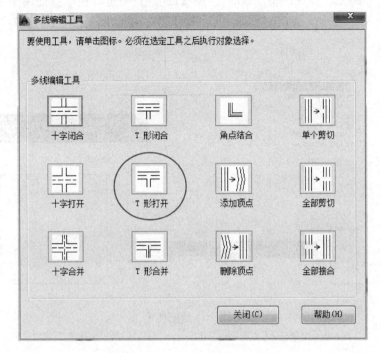

图 2-17 进入多线编辑选择"T形打开"

点击点 4 的两条交线（图 2-18）。

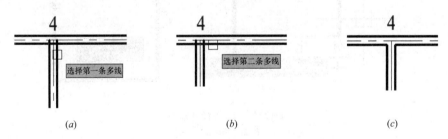

图 2-18 用"T形打开"编辑多线
（a）选择第一条多线；（b）选择第二条多线；（c）编辑完毕

点击点 7 的两条交线（图 2-19）。

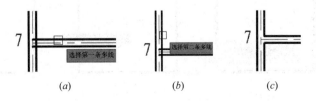

图 2-19 用"T形打开"编辑多线
（a）选择第一条多线；（b）选择第二条多线；（c）编辑完毕

4. 绘制柱子

键盘输入"REC"（Rectang，矩形），按【Enter】确定，在空白处用十字光标点击作为第一点，输入"@200，200"，在第一点一侧点击，即绘制矩形（图 2-20）。

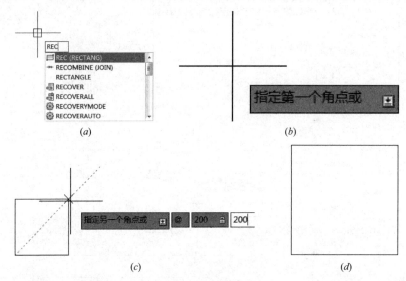

图 2-20　绘制柱子
(*a*) 进入矩形命令；(*b*) 点击第一个角点；(*c*) 输入@200，200；(*d*) 绘制完毕

键盘输入"M"（Move，移动），按【Enter】键进入移动命令，选择矩形（图 2-21）。

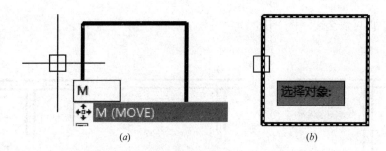

图 2-21　进入移动命令
(*a*) 进入移动命令；(*b*) 选择矩形

将光标停留至左边中点，出现捕捉符号后向右移动，再将光标停留至上边中点，出现捕捉符号后向下移动，两条追踪线相交时点击鼠标左键，作为移动的第一点（图 2-22）。

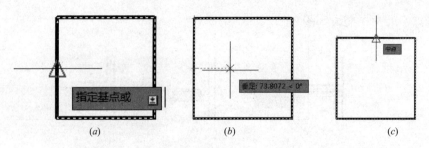

图 2-22　捕捉柱子中心点（一）
(*a*) 捕捉左边线中点；(*b*) 向右追踪；(*c*) 捕捉上边线中点

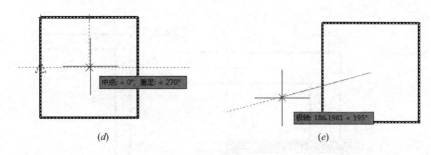

图 2-22 捕捉柱子中心点（二）

（d）向下追踪至水平追踪线交点；（e）点击交点

点击图中右下角轴线的交点，作为移动的第二点，将绘制好的矩形作为柱子放至轴线中心（图 2-23）。

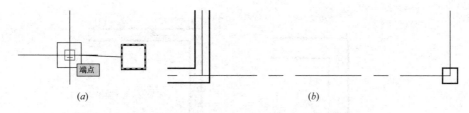

图 2-23 移动柱子

（a）将刚刚点击的交点作为基点；（b）移动至轴网右下角

任务 3 绘制门窗和台阶

1. 在墙上扣除门窗洞口

（1）在点 1 处绘制直线如图 2-24 所示。

（2）输入"M"进入移动命令（图 2-25），用光标选中刚刚绘制的直线（图 2-26），按【Enter】键进入下一步。

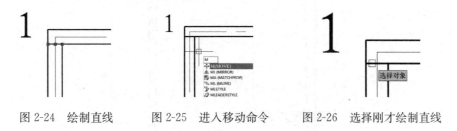

图 2-24 绘制直线　　图 2-25 进入移动命令　　图 2-26 选择刚才绘制直线

（3）在旁边空白处用十字光标点第一点作为基点，将光标放至垂直向下方向，输入 850（950－半墙厚 100），按【Enter】键确认（图 2-27）。

（4）将移动后的直线向下复制 1200（图 2-28）。

（5）选择两条窗洞线，向下复制 2900（1200＋1700）（图 2-29）。

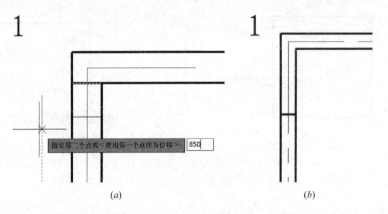

图 2-27　绘制窗户边线

(a) 向下移动 850；(b) 移动完毕

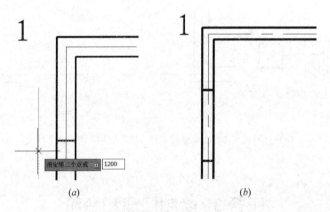

图 2-28　绘制窗户另一个边线

(a) 将直线向下复制 1200；(b) 复制完毕

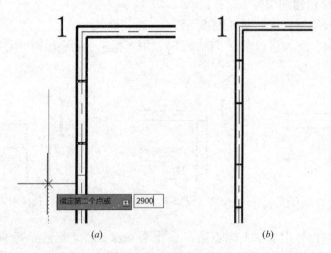

图 2-29　绘制第二个窗户

(a) 选择两条窗户边线向下复制 2900；(b) 复制完毕

(6) 将窗洞内的墙线修剪掉 (图 2-30)。

（7）同样的方式做出其他洞口（图 2-31）。

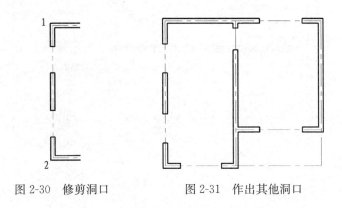

图 2-30　修剪洞口　　　　　　图 2-31　作出其他洞口

2. 新建"门窗和台阶"图层

在图层设置中将线型设成实线，线宽设成 0.5mm，置为当前图层（图 2-32）。

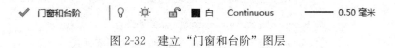

图 2-32　建立"门窗和台阶"图层

3. 绘制窗

（1）设置窗的多线样式

键盘输入"Mlstyle"进入多线样式对话框，新建"窗"样式（图 2-33）。

图 2-33　新建窗的多线样式

　　绘制窗户的多线样式设置为四条线，在图元中原来的 0.5 和－0.5 之外添加 0.17 和－0.17（图 2-34），使其四条线能将宽度为 1 的墙厚等分为三份，作为窗户的图例。

　　此时"窗"样式的预览为四条线，点击"置为当前"（图 2-35）。

　　（2）输入"ML"进入多线命令，此时命令行提示如图 2-36 所示。

图 2-34　添加多线样式图元

图 2-35 "窗"多线样式建立完毕，置为当前样式

```
命令: ML
MLINE
当前设置: 对正 = 无, 比例 = 200.00, 样式 = STANDARD
```

图 2-36 多线命令提示

直接点击窗洞两侧的轴线交点绘制窗（图 2-37）。

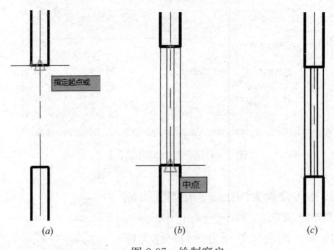

图 2-37 绘制窗户

(a) 第一点；(b) 第二点；(c) 绘制完毕

同样的方式绘制其他所有的窗户。

4. 绘制门

用直线命令从点 1 向左绘制一条长 900 的直线至点 2（图 2-38）。

键盘输入 "A"（Arc，圆弧），按【Enter】键确定，按照提示进行如图 2-39 所示的操作。

指定圆弧的起点或［圆心（C）］：c　　　　//输入"c"，回车，点击点 1
指定圆弧的圆心：　　　　　　　　　　　　//点击点 2
指定圆弧的起点：　　　　　　　　　　　　//点击点 3

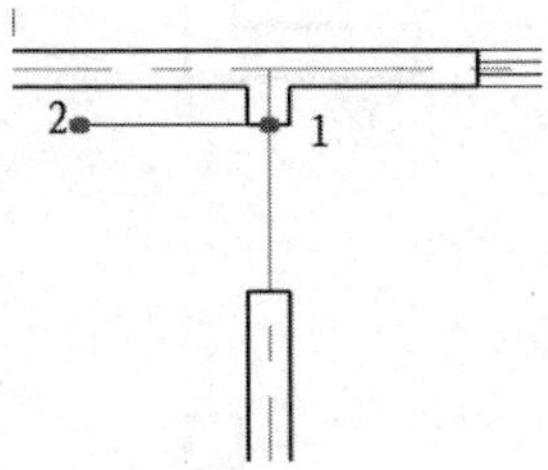

图 2-38　绘制门边直线 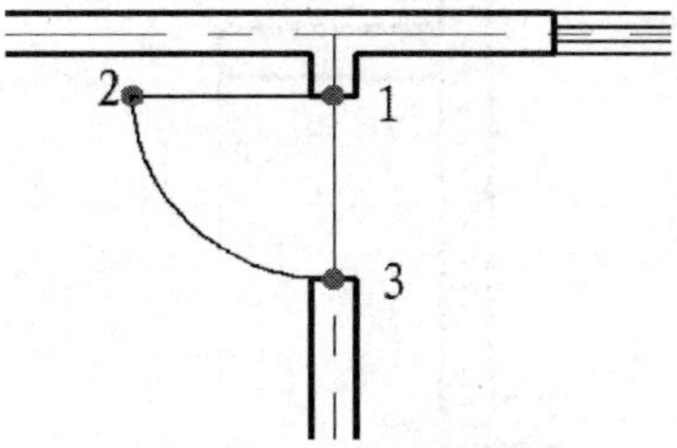　　　　　　图 2-39　绘制门圆弧

将绘制好的门复制到空白处，选中复制好的门（图 2-40），键盘输入"RO"（Rotate，旋转）。按【Enter】键确认（图 2-41）。

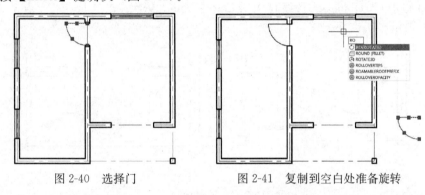

图 2-40　选择门　　　　　　图 2-41　复制到空白处准备旋转

捕捉点击门上的点作为旋转中心，输入 90（正数表示逆时针旋转 90°），如图 2-42 所示。

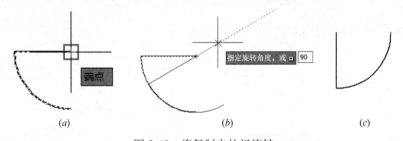

(*a*)　　　　　　　　(*b*)　　　　　　　　(*c*)

图 2-42　将复制出的门旋转
（*a*）取门轴处作为旋转中心；（*b*）旋转角度 90；（*c*）旋转完毕

将旋转之后的门向右侧镜像，镜像线第一点选择圆弧端点，第二点选择垂直线上的任一点（图 2-43）。

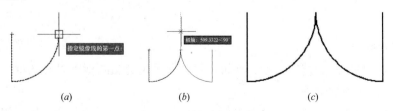

(*a*)　　　　　　　　(*b*)　　　　　　　　(*c*)

图 2-43　将旋转后的门镜像
（*a*）镜像线第一点；（*b*）竖直线上取一点作为镜像线第二点；（*c*）镜像完毕

将镜像后的双扇门移动到平面图中的门洞内（图2-44）。

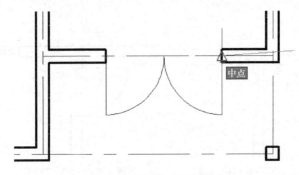

图2-44　将门移动至门洞内

5. 绘制台阶

键盘输入"PL"（Pline，多段线），按【Enter】确定，依次点击点1、点2、点3（图2-45），按【Enter】退出。

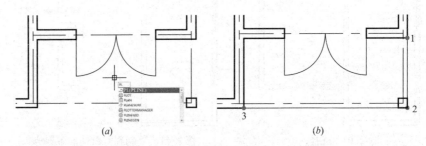

图2-45　绘制台阶

(*a*) 进入多段线命令；(*b*) 绘制外侧台阶

将绘制的多段线向内侧偏移300（图2-46）。

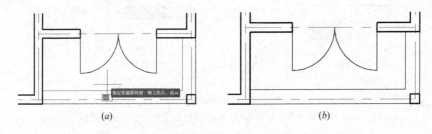

图2-46　台阶线偏移

(*a*) 向内偏移300；(*b*) 偏移完毕

【拓展提高】

1. 图形样板

图形样板是将用户的使用习惯、系统设置、所采用的制图标准以及图框、标题栏等用户常用元素保存在内的文件。

通常将没有绘图内容，又已经设置好的文件保存为"＊.dwt"图形样板格式，即为图形样板。

新建文件时，打开保存好的"*.dwt"文件，绘制后保存为"*.dwg"格式即为CAD 图形文件。

2. 文件的保存

（1）保存文件可以按按钮![保存]，或者在左上角主菜单中点击"保存"命令（图 2-47），或者输入快捷键【Ctrl】+S。

（2）新建文件第一次保存时需要设置保存路径、文件名和文件类型。

（3）第一次保存后，后面每次保存时将不再出现对话框，而是在命令行出现"命令：_qsave"字样，表示已经保存（图 2-48）。

（4）如果需要保存副本或其他文件版本类型，可使用"另存为"命令（图 2-49）。

图 2-47 "保存"菜单　　图 2-48 命令行显示保存　　图 2-49 "另存为"菜单

（5）AutoCAD 提供了自动保存功能，避免在工作中由于疏忽或意外使文件未保存而将绘图内容丢失。

键盘输入"OP"（Option，选项对话框），在"打开和保存"选项卡中可看到自动保存间隔分钟数默认为 10 分钟，可根据需要进行修改（图 2-50）。

3. 文件的类型

AutoCAD 版本经历了从 1.0 版本至今的很多版本，从初级阶段、发展阶段到完善阶段，软件的功能和界面的美化都得到了很大发展，AutoCAD2014 版本默认保存的文件类型为"AutoCAD2013 图形"（在图形另存为对话框中可看到），但是这个版本的

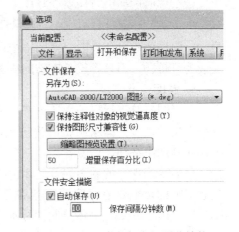

图 2-50 修改自动保存间隔分钟数

文件不能被比 2014 版本低的其他版本所打开，如"AutoCAD2013 图形"不能被 2010 版本打开。

所以如果想用低版本软件打开高版本的文件，首先需要在高版本上打开文件，另存为低版本文件。

4. 图层

图层是 AutoCAD 文件中相关图形元素数据的一种组织结构。属于同一图层的实体具

有统一的颜色、线型、线宽、状态等属性。

（1）打开图层特性管理器对话框。

打开图层特性管理器对话框的命令是"Layer"（快捷键为"LA"），或者点击按钮 也可以打开图层特性管理器对话框。

（2）控制图层的可见性

在图层特性管理器对话框中每个图层的后面有 图标，黄灯亮表示图层可见，此时绘图区中该图层上的内容都是可见和可编辑的，蓝灯亮表示该图层不可见，此时绘图区中该图层上的内容都是不可见和不可编辑的，也无法打印。

图层即使被关闭可也以在其该层绘图，只不过绘图内容看不到。

图层被关闭也可以被选中，鼠标右键在快速选择中可选中该图层对象。

（3）控制图层的冻结或解冻

单击 或 可以冻结或解冻该图层。冻结图层后，该图层上的所有内容均不可见、不可编辑、不可打印，解冻图层后，该图层上的内容将重生成，且可见、可编辑和可打印。

冻结图层后不能在该层绘制新的图形对象。

（4）控制图层的锁定或解锁

单击 或 可锁定或解锁某一图层。锁定图层可以用来锁定某个对象所在的图层，被锁定的图层是可见的，但图层上的对象不能被编辑。可以将锁定的图层设置为当前层，并能向它添加绘图对象。

（5）控制图层的打印或不打印

单击 或 可打印或不打印某一图层，指定某图层不打印后，该图层上的对象仍会显示，图层的不打印设置只对图样中可见图层（图层时打开的并且是解冻的）有效，若图层设为可打印，但该图层是冻结的或关闭的，此时不会打印该层。

5. 制图标准

工程图样是工程界的交流语言，是指导工程设计、施工、生产、管理等环节不可缺少的技术文件之一。国家颁布的建筑制图标准是使图样规格统一、表达方式一致的重要依据，在制图中必须严格遵守。

目前我国现行的制图规范是 2010 年由住房和城乡建设部组织修订，于 2011 年 3 月 1 日起实施的，主要有《房屋建筑制图统一标准》GB/T 50001—2017、《总图制图标准》GB/T 50103—2010、《建筑制图标准》GB/T 50104—2010、《建筑结构制图标准》GB/T 50105—2010、《建筑给水排水制图标准》GB/T 50106—2010 和《暖通空调制图标准》GB/T 50114—2010 等。

6. 线型和线宽

在建筑工程制图中，不同的图样应选用不同的线型和不同粗细的图线。根据所绘图样的复杂程度与比例大小，选定基本线宽 b，线宽 b 宜从 1.4mm、1.0mm、0.7mm、0.5mm 中选取，再选用表中相应的线宽组。同一张图纸内，相同比例的图样，应选用相同的线宽组，各不同线宽中的细线，可统一采用较细的线宽组的细线（表 2-1）。

线宽组　　　　　　　　　　　　　　　　　　　　表 2-1

线宽比	线宽组			
b	1.4	1.0	0.7	0.5
$0.7b$	1.0	0.7	0.5	0.35
$0.5b$	0.7	0.5	0.35	0.25
$0.25b$	0.35	0.25	0.18	0.13

建筑工程中，常用的图线名称、线型、线宽和用途见表 2-2。

图线　　　　　　　　　　　　　　　　　　　　表 2-2

名称		线型	线宽	一般用途
实线	粗	——	b	主要可见轮廓线 1. 平、剖面图中被剖切的主要建筑构造（包括构配件）的轮廓线； 2. 建筑立面图或室内立面图的外轮廓线； 3. 结构图中的钢筋线； 4. 平、立、剖面图的剖切符号； 5. 总平面图中新建建筑物的可见轮廓线
	中粗	——	$0.7b$	可见轮廓线 1. 平、剖面图中被剖切的次要建筑构造（包括构配件）的轮廓线； 2. 建筑构配件详图中的一般轮廓线
	中	——	$0.5b$	1. 可见轮廓线、尺寸线、变更云线； 2. 新建构筑物、道路、围墙的可见轮廓线； 3. 结构平面图中可见墙身轮廓线； 4. 尺寸起止符号
	细	——	$0.25b$	1. 总平面图中原有建筑物和道路的可见轮廓线； 2. 图例线、家具线、索引符号、尺寸线、尺寸界线、引出线、标高符号、较小图形的中心线等
虚线	粗	- - - - - -	b	1. 新建地下建筑物、构筑物的不可见轮廓线； 2. 结构平面图中不可见的单线结构构件线
	中粗	- - - - -	$0.7b$	1. 不可见轮廓线； 2. 结构平面图中不可见构件、墙身轮廓线
	中	- - - - -	$0.5b$	1. 建筑构配件不可见轮廓线； 2. 总平面图计划扩建的建筑物、构筑物轮廓线； 3. 图例线
	细	- - - -	$0.25b$	1. 图例填充线、家具线； 2. 总平面图中原有建筑物、构筑物、管线的不可见轮廓线
单点长画线	粗	—·—·	b	起重机（吊车）轨道线、柱间支撑
	中	—·—·	$0.5b$	土方填挖区的零点线
	细	—·—·	$0.25b$	中心线、对称线、轴线
双点长画线	粗	—··—··	b	1. 预应力钢筋线； 2. 总平面图用地红线
	中	—··—··	$0.5b$	1. 假想轮廓线、成型前原始轮廓线； 2. 原有结构轮廓线
	细	—··—··	$0.25b$	假想轮廓线、成型前原始轮廓线
折断线	细	—〜—	$0.25b$	部分省略表示时的断开界线
波浪线	细	〜〜〜	$0.25b$	1. 部分省略表示时的断开界线； 2. 曲线形构件断开界线； 3. 构造层次的断开界线

图线不得与文字、数字或符号重叠、混淆，不可避免时，应首先保证文字的清晰。建筑平面图中图线选用示例如图2-51所示。

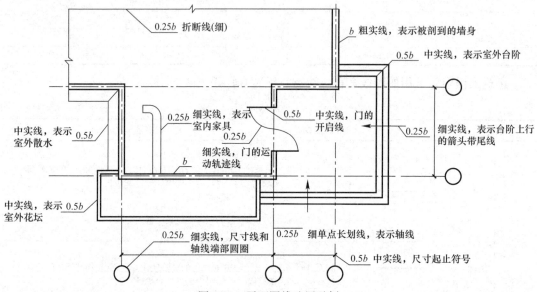

图 2-51　平面图线选用示例

7. 建筑施工图的单位

建筑施工图中尺寸标注的单位默认为 mm（有特殊标示的除外）（图2-52），标高的单位默认为 m（图2-53）。

图 2-52　尺寸标注的单位　　　图 2-53　标高的单位

8. 多线

AutoCAD中提供了可同时绘制多条线的多线命令，可用于绘制墙体、窗户等。

进入多线命令为"ML"（Mline），多线样式命令为"Mlstyle"。

多线样式中的偏移图元是指和参考线之间的间距。

9. 多段线命令的使用

多段线是由几段线段或圆弧构成的连续线条，它是一个单独的图形对象（图2-54）。

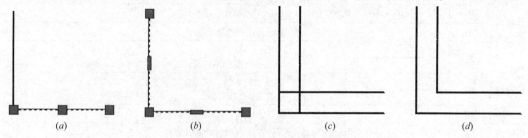

(a)　　　　　　(b)　　　　　　(c)　　　　　　(d)

图 2-54　直线和多段线在偏移时的差别

(a) L命令绘制的直线，每次点击只能选择一条线；(b) PL绘制的多段线，点击一次可以选择全部；

(c) 直线的偏移；(d) 多段线的偏移

10. 矩形命令的使用

矩形命令为 Rectang（快捷键"REC"）。

（1）分别用鼠标点击点作为矩形的对角点绘制矩形（图 2-55）。

图 2-55　鼠标点击绘制矩形

（*a*）点击矩形第一个点；（*b*）点击第二个点作为矩形对角点

（2）点击第一点后，按照提示输入"D"进入设置尺寸，输入矩形的长度和宽度，在第一点一侧点击（图 2-56），完成矩形绘制。

RECTANG 指定矩形的长度 <100.0000>:

RECTANG 指定矩形的宽度 <10.0000>:

RECTANG 指定另一个角点或 [面积(A) 尺寸(D) 旋转(R)]:

图 2-56　设置长度和宽度绘制矩形

（3）利用相对坐标

如想绘制长 300，宽 100 的矩形，可以在点击第一点后，在提示"指定另一个角点"时输入"@300，100"（图 2-57）。

RECTANG 指定另一个角点或 [面积(A) 尺寸(D) 旋转(R)]: @300,100

图 2-57　输入相对坐标绘制矩形

单元 3　绘制建筑立面图

【知识目标】

1. 掌握立面图的命名原则，了解常用比例。
2. 掌握正多边形等绘图命令的使用。
3. 掌握延伸、缩放等修改命令的使用。
4. 掌握单行文字命令的使用和特殊符号的输入方法。

【能力目标】

1. 能补绘形体三视图。
2. 能绘制建筑立面图。

【素质目标】

培养三维空间想象能力，培养独立思考能力。

【任务介绍】

绘制下面的①-③立面图（图 3-1）。

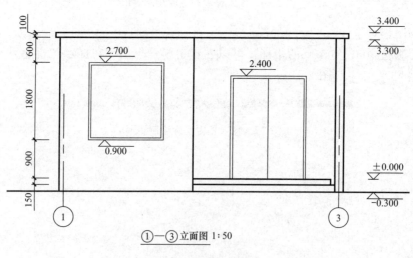

图 3-1　抄绘立面图

1. 绘制立面图的地坪线和轮廓线。
2. 绘制门窗等构件。
3. 绘制标高。
4. 绘制轴线。

【任务分析】

立面图是建筑视图中的主视图或左视图，故形体三视图中的对应关系也适用于建筑施工图，平面图和立面图之间应满足"长对正"的关系，即平面图中的长度和正立面的长度相同，平面图中的宽度和侧立面的宽度相同。其中门窗的位置和大小也应互相对应。

为方便从平面图中读取数据，将平面图调取如图3-2所示。

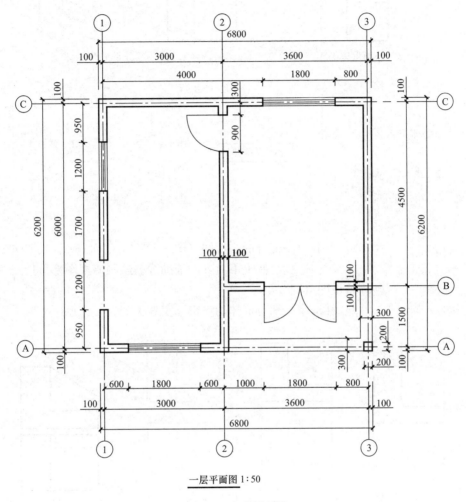

一层平面图1:50

图3-2 参考平面图

任务1 补画组合体三视图

1. 根据两面投影，补画形体的第三视图（图3-3）

（1）形体分析

该形体有两大部分组成，第一部分是横截面为L形的柱体（图3-4）。

第二部分是水平放置的四棱柱（图3-5）。

二者的关系是后面对齐。但是二者叠加时应取消共面的交线（图3-6）。

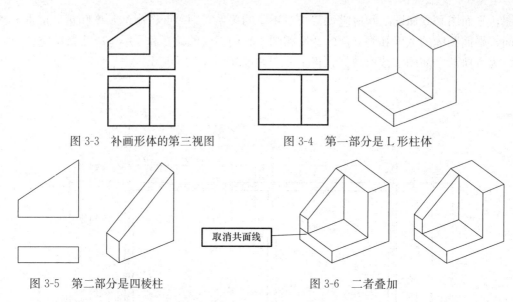

图 3-3　补画形体的第三视图　　　　　图 3-4　第一部分是 L 形柱体

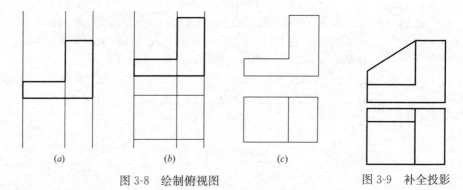

取消共面线

图 3-5　第二部分是四棱柱　　　　　　图 3-6　二者叠加

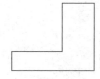

图 3-7　绘制主视图

（2）绘制步骤

1）绘制第一部分的主视图（图 3-7）。

2）用构造线绘制上下对齐的辅助线。绘制俯视图上下边线，剪切整理俯视图（图 3-8）。

3）补全第二部分形体的投影（图 3-9）。

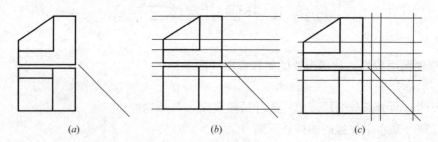

(a)　　　　　　(b)　　　　　　(c)

图 3-8　绘制俯视图　　　　　　　　　图 3-9　补全投影

(a) 用构造线绘制辅助线；(b) 绘制俯视图横线；(c) 俯视图绘制完毕

4）绘制 45°辅助线、水平和垂直辅助线（图 3-10）。

(a)　　　　　　　　　　(b)　　　　　　　　　　(c)

图 3-10　绘制辅助线

(a) 绘制 45°线；(b) 绘制水平辅助线；(c) 绘制垂直辅助线

5）根据形体分析结果描绘投影线，删除辅助线（图 3-11）。

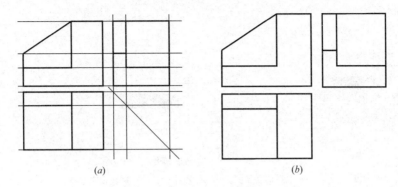

(*a*)　　　　　　　　　　　　　　　(*b*)

图 3-11　绘制左视图

(*a*) 描绘左视图投影线；(*b*) 删除辅助线

2. 根据两面投影，补画形体的第三视图（图 3-12）

（1）形体分析

此形体由六棱柱切割而成，切割断面为六边形，其左侧面投影也为六边形（图 3-13）。

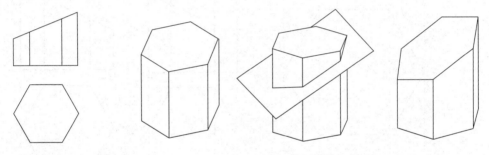

图 3-12　补画形体的第三视图　　　　　图 3-13　分析形体切割过程

（2）绘制步骤

1）绘制六棱柱的俯视图

键盘输入"POL"（Polygon，多边形），按【Enter】确定，按照提示输入多边形边数 6
（图 3-14）。

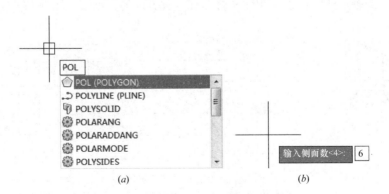

(*a*)　　　　　　　　　　　　　　　(*b*)

图 3-14　用多边形命令绘制六边形

(*a*) 进入多边形命令；(*b*) 输入边数 6

73

用鼠标在绘图区点击指定中心点，选择"内接于圆"或者"外切于圆"，用十字光标拖出半径绘制多边形（图3-15）。

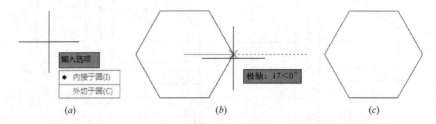

图 3-15 绘制多边形

（a）选择内切于圆；（b）绘制半径；（c）绘制完毕

2）绘制六棱柱的主视图

用构造线点取六边形的顶点，绘制垂直辅助线，绘制主视图边线，剪切整理边线，删除多余的辅助线（图3-16）。

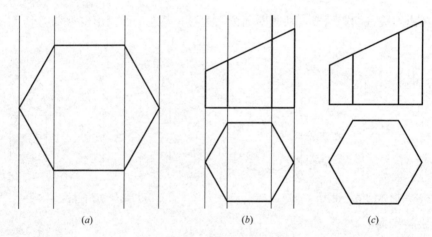

图 3-16 绘制主视图

（a）绘制垂直辅助线；（b）绘制主视图上下边线；（c）整理图线

3）绘制45°辅助线，分别绘制水平方向和垂直方向的辅助线（图3-17）。

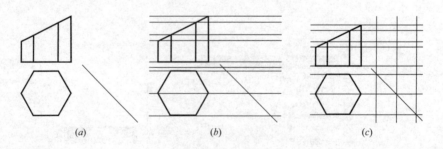

图 3-17 绘制左视图辅助线

（a）绘制45°辅助线；（b）绘制水平方向辅助线；（c）绘制垂直方向辅助线

4）根据形体分析结果描绘投影线，删除辅助线（图3-18）。

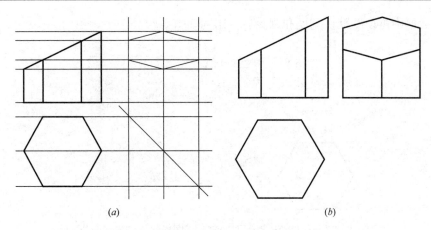

图 3-18 绘制左视图

（*a*）描绘左视图图线；（*b*）整理图线

【拓展提高】

1. 线宽的设置

（1）在图层管理器对话框中可以设置各个图层的线宽。

（2）点击上面命令栏中的对象线宽（图 3-19），在列表中选择线宽（图 3-20）。

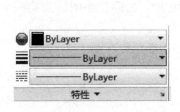
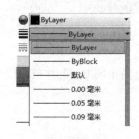

图 3-19 点击第二行的线宽列表   图 3-20 选择线宽

（3）显示/隐藏线宽

在下面的状态栏中点击"显示/隐藏线宽"按钮➕，可以将已设置的线宽显示或隐藏
（图 3-21）。

（4）默认线宽

键盘输入"LW"（Lweight，线宽设置），打开"线宽设置"对话框（图 3-22）。

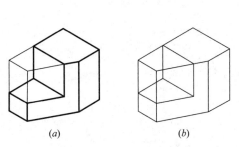

图 3-21 显示/隐藏线宽的效果

（*a*）显示线宽；（*b*）隐藏线宽

图 3-22 "线宽设置"对话框

在对话框中可设置默认宽度和调整显示比例（图 3-23）。

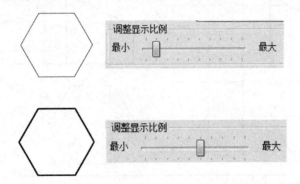

图 3-23　在显示比例不同的情况下同样线宽的显示效果

2. 正多边形命令

正多边形命令为"Polygon"（快捷键"POL"），点击矩形按钮 ▭▾ 旁边的三角，在列表中点击正多边形按钮 ⬡多边形，或者键盘输入"POL"。

图 3-24　输入多边形边数

进入命令后在提示下输入多边形边数，默认为 4，此时有两种方式可以绘制正多边形（图 3-24）。

（1）已知正多边形的中心和半径长

在提示下用十字光标在绘图区点击一点作为正多边形的中心点。

1）选择"内接于圆"，此时光标位于多边形角点（图 3-25）。

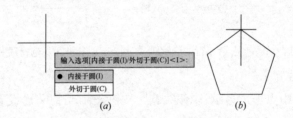

(*a*)　　　　　　　　　　　　(*b*)

图 3-25　"内接于圆"方式绘制多边形

(*a*) 选择"内接于圆"；(*b*) 光标位于多边形角点

2）选择"外切于圆"，此时光标位于多边形边线中点（图 3-26）。

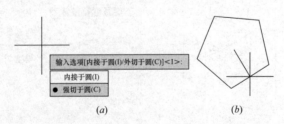

(*a*)　　　　　　　　　　　　(*b*)

图 3-26　"外切于圆"方式绘制多边形

(*a*) 选择"外切于圆"；(*b*) 光标位于多边形边线中点

（2）已知正多边形的边长

在提示下输入"E"选择用边长绘图模式。

分别用十字光标点击两点作为边长，即绘制完成（图 3-27）。

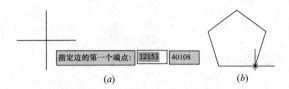

指定边的第一个端点：12153 40108

(a) *(b)*

图 3-27 已知边长绘制正多边形

（*a*）点击一点作为边线一点；（*b*）输入长度作为边线长度

任务 2 绘制建筑立面图

1. 新建图层

在图层管理器中新建图层如图 3-28 所示。

轴线加载"CENTER"单点长画线线型，立面轮廓线用 0.5mm，地坪线用 0.7mm，门窗轮廓线用默认，各层颜色自行设定。

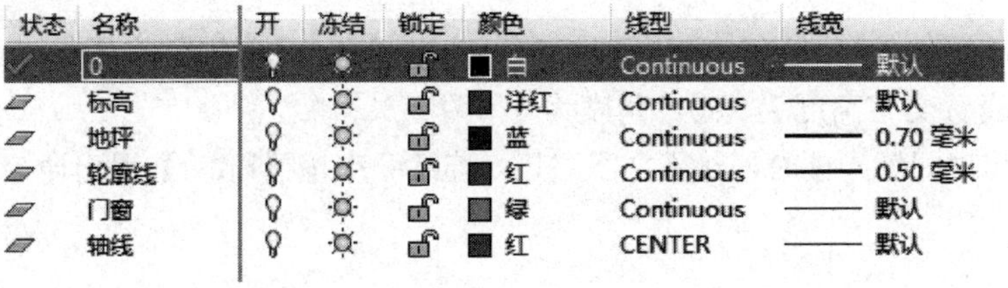

状态	名称	开	冻结	锁定	颜色	线型	线宽
√	0				□ 白	Continuous	—— 默认
	标高				■ 洋红	Continuous	—— 默认
	地坪				■ 蓝	Continuous	—— 0.70 毫米
	轮廓线				■ 红	Continuous	—— 0.50 毫米
	门窗				■ 绿	Continuous	—— 默认
	轴线				■ 红	CENTER	—— 默认

图 3-28 新建各图层

图层设定好后在绘制相应的图元之前应选择对应的图层作为当前图层。

2. 绘制轴线

（1）将"轴线"图层设为当前图层。由子项目 2 中建筑平面图可知，在建筑平面图中①轴和③轴的间距为 6600，故在立面图中绘制一条轴线后，向右侧复制 6600（图 3-29）。

指定第二个点或 □ 6600

(a) *(b)* *(c)*

图 3-29 绘制轴线

（*a*）第一根轴线；（*b*）向右复制 6600；（*c*）绘制完毕

（2）绘制轴号

进入圆命令，从轴线端点向下对象捕捉追踪 250 远，按【Enter】确认作为圆心，圆的半径为 250（图 3-30）。

77

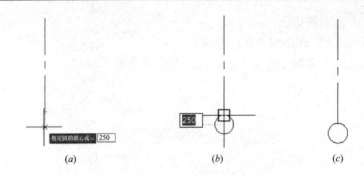

图 3-30　绘制轴号圆

(*a*) 从轴线端点向下追踪 250 作为圆心；(*b*) 圆半径 250；(*c*) 绘制完毕

将圆复制到另一条轴线上（图 3-31）。

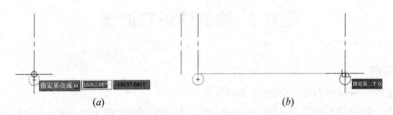

图 3-31　复制圆

(*a*) 选择圆，将轴线下端点作为基点；(*b*) 复制到另一根轴线下端点

输入"DT"（Dtext，单行文字），按【Enter】确认，在绘图区点击一点作为文字起点，按照提示设置文字高度为 250，角度为 0（图 3-32）。

当绘图区出现闪烁光标时，输入文字"1"，连续 2 次按【Enter】退出命令（图 3-33）。

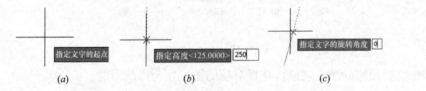

图 3-32　设置单行文字　　　　　　　　　　图 3-33　输入文字

(*a*) 点击文字起点；(*b*) 高度 250；(*c*) 角度为 0

选中"1"，点击蓝色夹点，移动到圆中（图 3-34）。

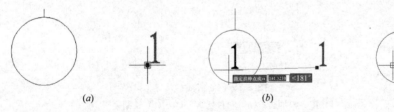

图 3-34　调整文字位置

(*a*) 选择文字夹点；(*b*) 移动到圆中；(*c*) 移动完毕

将"1"复制到另一个圆中（图 3-35）。

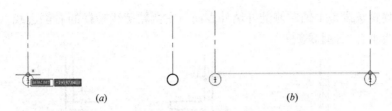

图 3-35 复制文字

（a）选择圆，将轴线下端点作为基点；（b）复制到另一根轴线下端点

双击复制后的"1"，变成编辑状态时输入"3"，按【Enter】确定（图 3-36）。

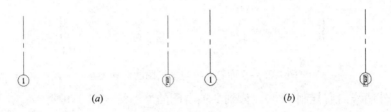

图 3-36 编辑文字

（a）双击右侧文字"1"；（b）将文字改为 3

3. 绘制建筑轮廓线

（1）绘制垂直轮廓线

由平面图可知，内墙和外墙厚度均为 200，左右两侧的外墙外表面各自距轴线均为 100，故将已绘制的轴线分别向左右偏移 100（图 3-37）。

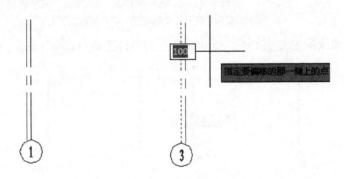

图 3-37 偏移轴线

选中偏移后的线，放到"轮廓线"图层中（图 3-38）。

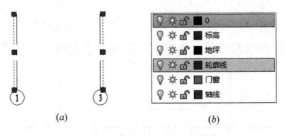

图 3-38 将偏移的线改为轮廓

（a）选择偏移后的线；（b）选择"轮廓线"图层

79

此时左侧轮廓线是 1 轴左侧的外墙外表面,右侧轮廓线是柱的右侧边线(与 3 轴外墙外表面轮廓线重合)(图 3-39)。

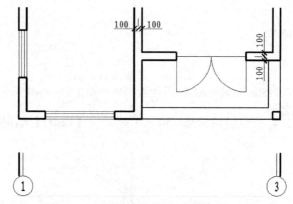

图 3-39 立面轮廓线与平面图的对齐关系

将左侧外墙线向右复制 3200,得到 2 轴右侧的外墙线(图 3-40)。

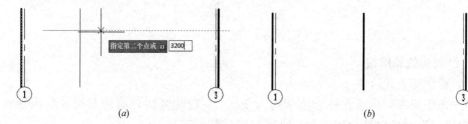

图 3-40 绘制 2 轴墙线

(*a*) 将 1 轴左侧墙线向右复制 3200;(*b*) 复制完毕

将右侧的外墙线向左复制 200,得到 3 轴左侧的柱边线(图 3-41)。

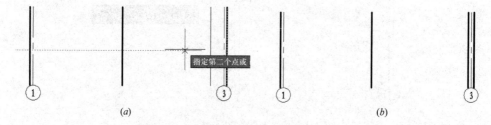

图 3-41 绘制柱子边线

(*a*) 右侧的外墙线向左复制 200;(*b*) 复制完毕

(2)绘制水平轮廓线

1)绘制地坪线

将"地坪线"设置为当前图层,靠近下部绘制一条直线作为地坪线(图 3-42)。

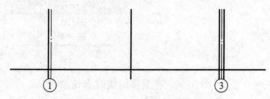

图 3-42 绘制地坪线

2）绘制屋顶

将地坪线向上复制 3600，再将复制后的线向上复制 100（图 3-43）。

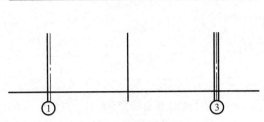

图 3-43　绘制屋顶

选中复制后的两条屋顶线，放至"轮廓线"图层中（图 3-44）。

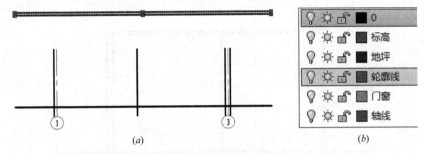

图 3-44　更改屋顶线图层

（a）选择两条屋顶线；（b）选择"轮廓线"图层

键盘输入"EX"（Extend，延伸），按【Enter】确定，再次按【Enter】确定，点击 4 条垂直轮廓线靠近上侧的一端（图 3-45）。

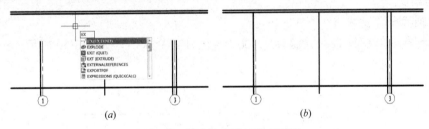

图 3-45　将墙轮廓线延伸至屋顶

（a）进入延伸命令；（b）延伸完毕

将"轮廓线"图层设置为当前图层，用直线在屋面上方两侧绘制直线，其位置如图 3-46 所示。

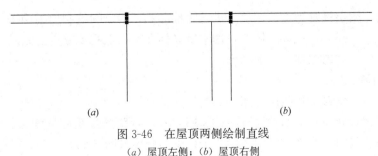

图 3-46　在屋顶两侧绘制直线

（a）屋顶左侧；（b）屋顶右侧

将刚绘制的两条直线分别向各自外侧移动 100（图 3-47）。

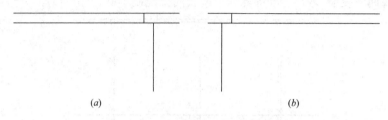

图 3-47　绘制的两条直线分别向各自外侧移动 100

(*a*) 屋顶左侧；(*b*) 屋顶右侧

剪切整理多余的线条（图 3-48）。

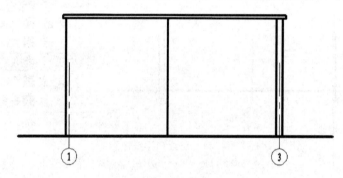

图 3-48　整理屋面

4. 绘制窗

将 1 轴线向右复制 600（图 3-49）。

将地坪线向上复制 1200（窗台高 900＋室内外高差 300），如图 3-50 所示。

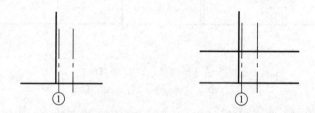

图 3-49　将 1 轴线向右复制 600　　　图 3-50　地坪线向上复制 1200

将"门窗"图层设置为当前图层，进入矩形命令，指定刚复制出的两条线交点为矩形第一点，输入"@1800，1800"回车，用十字光标在第一点右上方点击完成（图 3-51）。

将窗的轮廓线向内偏移 50（图 3-52）。

5. 绘制台阶

将地坪线向上偏移 150 两次（图 3-53）。

在平面图台阶处，最下面的台阶与柱和墙对齐，台阶踏步踏面宽度为 300，故在立面中从外墙外表面向内侧偏移 300 即为第二个台阶的侧面（图 3-54）。

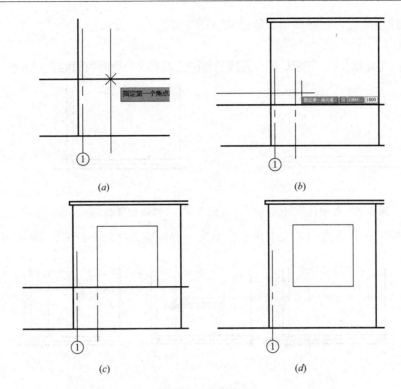

图 3-51　绘制窗户

（a）辅助线交点作为窗户左下角点；（b）输入 "@1800，1800"；（c）矩形绘制完毕；（d）删除多余线

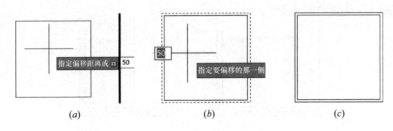

图 3-52　绘制窗户内框线

（a）输入偏移距离 50；（b）向内侧点击；（c）偏移完毕

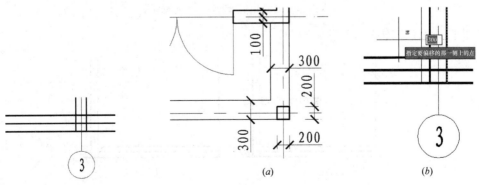

图 3-53　将地坪线向上　　　　　　　图 3-54　绘制台阶辅助线
偏移 150 两次　　　　　　　　（a）平面图中台阶宽 300；（b）3 轴右侧线向左偏移 300

修剪整理台阶线，删除多余的辅助线（图 3-55）。

6. 绘制门

将 3 轴向左复制 800，复制后的点画线与台阶上表面的交点即为门的右下角点（图 3-56）。

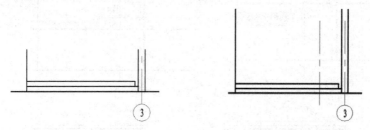

图 3-55　整理台阶图线　　　图 3-56　3 轴向左复制 800 作为门边线

进入矩形命令，点击门的右下角点作为第一点，输入"@−1800，2400"（图 3-57）。

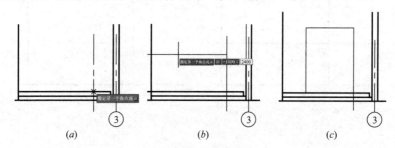

图 3-57　绘 制 门

（a）选择门的右下角点；（b）输入"@−1800，2400"绘制矩形；（c）绘制完毕

删除复制的点画线（图 3-58）。

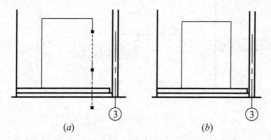

图 3-58　删除多余线

（a）选择复制出的点画线；（b）删除完毕

将门轮廓向内偏移 50（图 3-59）。

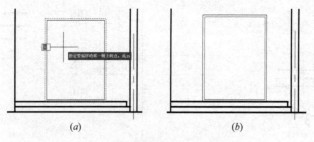

图 3-59　向内偏移门内框线

（a）向内偏移 50；（b）偏移完毕

门的下方不应有门框线，将里面的矩形选中，键盘输入"X"，将其分解为四条直线图元（图 3-60）。

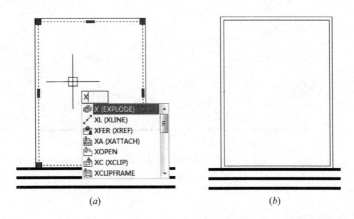

图 3-60 分解内框线

（*a*）选择内框，分解；（*b*）分解完毕，从矩形变为四条直线

分解后看起来没有变化，但实际上可以单独选择最下面的线，按【Delete】删除（图 3-61）。

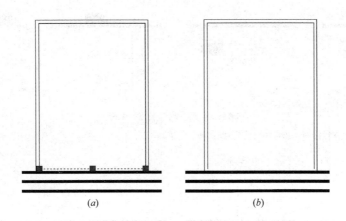

图 3-61 删除下面内框线

（*a*）选择内框线；（*b*）删除完毕

使用延伸命令将里面两条竖线延伸至台阶上表面（图 3-62）。

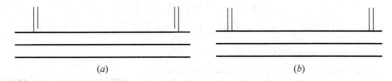

图 3-62 延伸内框线

（*a*）将内框线延伸至台阶上表面；（*b*）延伸完毕

绘制中间直线，将门分为两个门扇（图 3-63）。

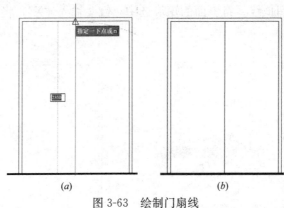

图 3-63 绘制门扇线

（a）绘制中心线；（b）绘制完毕

7. 绘制标高

（1）绘制室外地坪标高

进入直线命令，在室外地坪上取一点作为第一点，向下画 150，再向左画 150，连接到第一点（图 3-64）。

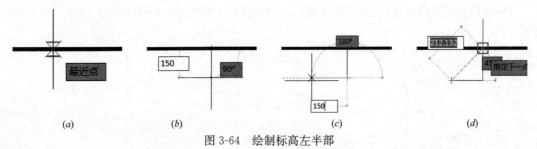

图 3-64 绘制标高左半部

（a）在直线命令中取室外地坪一点；（b）向下画 150；（c）向左画 150；（d）闭合到起点

将绘制的直线向右镜像（图 3-65）。

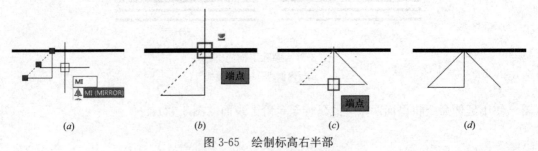

图 3-65 绘制标高右半部

（a）选择左侧斜线；（b）镜像线第一点；（c）镜像线第二点；（d）镜像完毕

将水平线向右延长，删除中间竖线（图 3-66）。

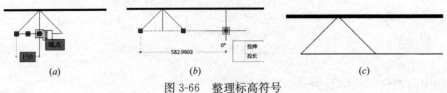

图 3-66 整理标高符号

（a）点击直线夹点；（b）向右侧拉伸；（c）删除多余线

将3轴的数字"3"复制到标高符号处（图3-67）

双击变为编辑状态，改为"-0.300"（图3-68）。

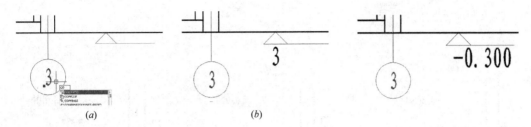

图 3-67　复制标高文字　　　　　　　　　　　图 3-68　编辑标高文字

（a）选择文字；（b）复制到标高处

轴号数字"3"高度的出图尺寸（即打印尺寸）为5mm，标高数字高度的出图尺寸为3mm，需要将"-0.300"缩小到原来的0.6倍。

键盘输入"SC"（Scale，缩放），按【Enter】确定，选择"-0.300"，按【Enter】进入下一步，点击一点作为基点，输入比例因子"0.6"，按【Enter】确定（图3-69）。

图 3-69　编辑标高文字高度

（a）进入缩放命令；（b）输入比例因子0.6；（c）文字高度变小

选择"-0.300"数字，点击夹点适当调整位置（图3-70）。

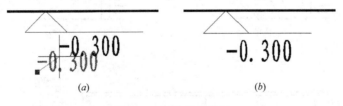

图 3-70　调整文字位置

（a）点击文字夹点；（b）调整到合适位置

（2）绘制室内地坪标高

选择刚刚绘制好的室外地坪标高，镜像到室内地面标高处，镜像线选择台阶中间线，双击镜像之后的"-0.300"，改为"±0.000"。"±"号的输入方法是"%%P"（图3-71）。

在标高指示点下方添加与高度对齐的直线（图3-72）。

（3）绘制其他标高

将已绘制好的标高复制到各位置，包括窗户高度、门高、屋面板标高等。注意标高符号中三角形的尖角要和标注高度对齐（图3-73）。

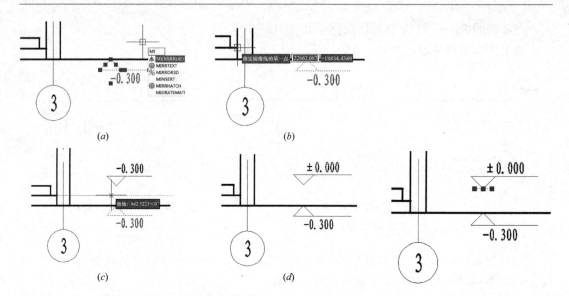

图 3-71　绘制一层室内地面标高

图 3-72　添加标高下横线

（a）进入镜像命令；（b）台阶中间线作为镜像线；
（c）将－0.300 标高向上镜像；（d）文字改为±0.000

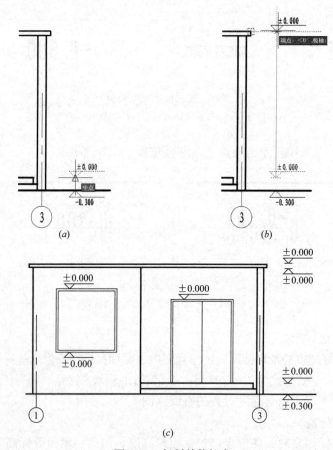

图 3-73　复制其他标高

（a）选择标高三角顶点作为复制基点；（b）复制到相应位置；（c）全部标高复制完毕

将各处的标高数字改为相应的高度（图 3-74）。

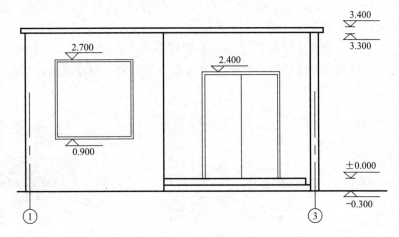

图 3-74 编辑其他标高文字

【拓展提高】

1. 立面图的方向与名称设定

如图 3-75 所示，以平面图的轴线为基准，假设上方为北，则图名命名规则如下：

（1）从南向北投影时，称为南立面，又称①-⑦立面图。

（2）从东向西投影时，称为东立面，又称Ⓐ-Ⓔ立面图。

（3）从北向南投影时，称为北立面，又称⑦-①立面图。

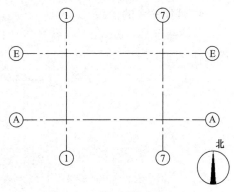

图 3-75 立面图的命名方向

（4）从西向东投影时，称为西立面，又称Ⓔ-Ⓐ立面图。

2. 图元与图层的对应

（1）先设置当前图层，再绘制图元。

（2）若已绘制图元与当前图层不一致，可选择该图元，在图层列表中点击图元应该所属的图层即可。

例如，图 3-76 中的标高绘制在了"地坪线"图层上，显示为粗线，但是应该在"标高"图层中显示为细线。此时选中标高，在图层列表中点击"标高"图层，即可将标高放至正确的图层。

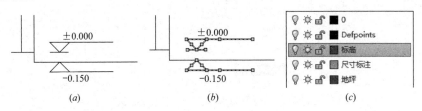

图 3-76 设置图元的图层

（a）标高所属图层为"地坪"图层；（b）选择标高；（c）修改为"标高"图层

3. 单行文字命令

单行文字命令为"Dtext"（快捷键"DT"），在工具栏的"文字"下面的黑三角中打开列表也可找到单行文字命令（图 3-77）。

执行单行文字时，输入文字后按【Enter】键可以换行继续输入，连续按 2 次【Enter】键可以退出命令。退出命令之后各行文字均独自为一个对象，均可以通过双击文字独自编辑（图 3-78）。

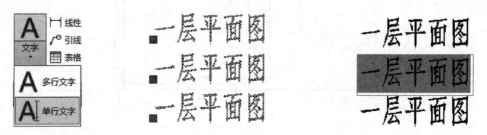

图 3-77 文字命令列表   图 3-78 单行文字的编辑

4. 延伸命令的使用

延伸命令是"Extend"（快捷键"EX"），用于将线延长至一个边界，但若延长则必须有交点（图 3-79）。

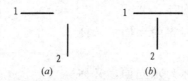

图 3-79 延伸命令的使用范围

（a）线 2 不能延伸到线 1 位置；（b）线 2 可以延伸到线 1 位置

（1）第一种用法用于延伸到最近的一条边界

键盘输入"EX"，连续按 2 次【Enter】键（跳过选择边界步骤）。

如图 3-80 所示，键盘输入"EX"，连续按 2 次【Enter】键后点击线 A 右侧，则线 A 延伸到线 2，再次点击延伸到 3，以此类推。

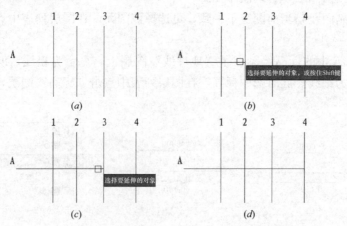

图 3-80 每次延伸到最近的一条边界

（a）准备延伸；（b）延伸至直线 2；（c）延伸至直线 3；（d）延伸至直线 4

（2）第二种用法用于延伸到指定的一条边界

键盘输入"EX"，按【Enter】键，选择边界，再次按【Enter】键，选择要延伸的线。

如图 3-81 所示，要想将线 A 一次性延伸到线 4，键盘输入"EX"，按【Enter】键，选择线 4，再次按【Enter】键，选择线 A。

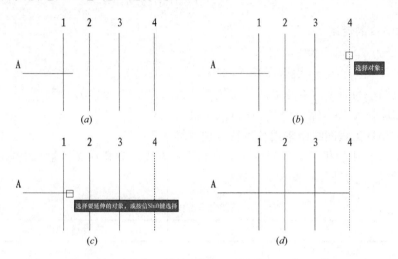

图 3-81　一次性延伸到指定边界

（a）准备延伸；（b）选择直线 4 作为边界；（c）点击直线 A；（d）直接延伸至直线 4

5. 图纸的比例

（1）比例

图样的比例应为图形与实物相对应的线性尺寸之比。比例的符号为"："，比例应以阿拉伯数字表示。比例宜注写在图名的右侧，字的基准线应取平，比例的字高宜比图名的字高小一号或二号（图 3-82）。

平面图 1:100　　　⑥ 1:100

图 3-82　比例的注写

绘图所用比例应根据图样的用途与被绘对象的复杂程度从表 3-1 中选用，绘图时应优先采用常用比例。

	建筑施工图常用比例	表 3-1

常用比例	1∶1、1∶2、1∶5、1∶10、1∶20、1∶30、1∶50、1∶100、1∶150、1∶200、1∶500、1∶1000、1∶2000
可用比例	1∶3、1∶4、1∶6、1∶15、1∶25、1∶40、1∶60、1∶80、1∶250、1∶300、1∶400、1∶600、1∶5000、1∶10000、1∶20000、1∶50000、1∶100000、1∶200000

（2）AutoCAD 绘图中比例的应用

例如图纸的比例为 1∶50，图纸出图时文字的高度为 5mm，则绘图时将文字高度设为 250（5×50）。

再例如标高符号的出图尺寸如图 3-83 所示，在比例为 1∶50 的图纸中应将其尺寸均放大至 50 倍，即三角形高度为 150(3×50)。

图 3-83 标高符号的出图尺寸

6. 缩放命令的使用

缩放命令为"Scale"（快捷键为"SC"）。

1）要想放大 10 倍，比例因子输入"10"。

2）要想缩小为原来的十分之一，比例因子输入"0.1"或"1/10"。

3）已知原长为 15，缩小为 8，比例因子输入"8/15"。

7. AutoCAD 工程图纸中常用特殊符号快速输入

在 AutoCAD 中提供了一系列特殊符号的输入方式，只要在文字输入时输入替代的控制代码，即可显示为符号（表 3-2）。

特殊符号的输入 表 3-2

符号	控制代码
直径符号（Φ）	％％c
公差符号（±）	％％p
度符号（°）	％％d
带下划线字体	％％u
带上划线字体	％％o

单元 4　绘制建筑剖面图

【知识目标】

1. 了解剖面图和断面图的形成原理，了解剖面图和断面图的关系，掌握剖切符号的表示方法。

2. 掌握剖面图和断面图的分类及适用范围。

3. 掌握填充命令的使用，能调节填充角度和比例。

4. 掌握常用建筑图例。

【能力目标】

1. 能够绘制简单形体的剖面图和断面图。

2. 能够绘制建筑剖面图。

【素质目标】

培养空间想象能力，培养认真的工作作风。

【任务介绍】

通过绘制形体的剖面图，了解剖切和投影过程，抄绘下面的剖面图（图 4-1）。

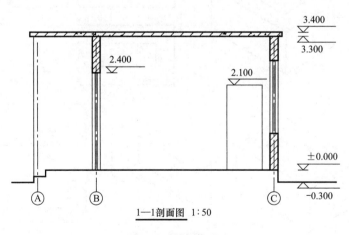

1—1剖面图 1:50

图 4-1　抄绘剖面图

【任务分析】

1-1 剖面图与平面图中 1-1 剖切位置对应，在绘制中参考单元 2 中平面图（图 2-1），该剖切在 2 轴和 3 轴之间剖开，向 1 轴方向进行投影，在 B 轴和 C 轴剖切到墙体和门窗洞口，在 A 轴处能看到外墙表面投影线。

93

任务1 绘制形体剖面图

子任务1 了解剖面图和断面图的形成规则

1. 剖面图和断面图的形成

当形体内部构造和形状较复杂时，在某个投影图中会出现许多虚线，往往实线和虚线交叉或重合在一起，无法表示清楚形体内部构造，从而影响图形的全面表达，不便于从正投影图中分析出物体的形状和尺寸，且不利于标注尺寸和识读，需要一种方法清晰地表示形体内部构造。

将物体从某一位置剖开，向垂直于剖切面的一个方向投影，即得到剖视图。

如图4-2所示，物体的组成为在长方体中间减去一个小长方体，在三面投影图中有较多的虚线，不便于图形的识读。在物体中间放置一个平行于长方体一侧表面的剖切面P，将物体在剖切面P前方的部分删去，露出内部构造，原来的不可见线变成了可见线，其中物体被剖切面切到的部分称为断面。向垂直于断面的方向进行正投影，剖面图除了画出断面以外，还画出沿投射方向看到的部分，断面图只画出断面即可。

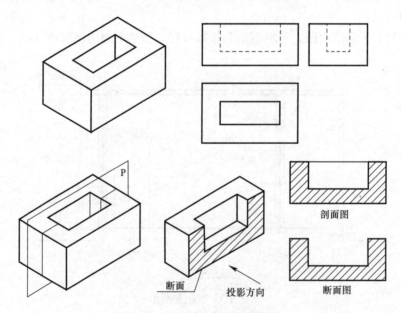

图4-2 剖面图和断面图的形成

2. 剖面图和断面图的绘图要求

剖视的剖切符号均应以粗实线绘制，且不应与其他图线接触。剖面图和断面图上断面的轮廓线用粗线，剖面图中沿投射方向看到的图线用中粗线。剖面图和断面图上断面内部用图例进行填充，在没有说明材料时，填充45°方向直线，间距一致、适中，在有材料说明时，按照材料图例进行填充，填充部分一律用细线。绘制完图形后，在图形下面写上与剖切位置符号一致的图名（图4-3）。

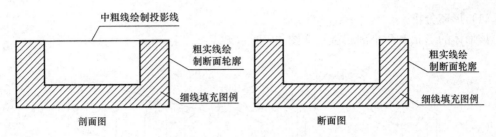

图 4-3 剖面图和断面图的图线

　　剖面图的剖切符号由剖切位置线和剖视方向线组成，剖切位置线长度宜为 6～10mm，剖视方向线垂直于剖切位置线，长度应短于剖切位置线，宜为 4～6mm。每个剖切位置都要进行编号，剖视剖切符号的编号宜采用粗阿拉伯数字，按剖切顺序由左至右、由下向上连续编排，并注写在剖视方向线的端部。需要转折的剖切位置线，应在转角的外侧加注与该符号相同的编号。剖切编号的数字一律水平书写（图 4-4）。

　　断面图的剖切符号只用剖切位置表示，长度宜为 6～10mm。断面剖切符号的编号宜采用阿拉伯数字，按顺序连续编排，并应注写在剖切位置线的一侧，编号所在一侧为该断面的剖视方向（图 4-5）。

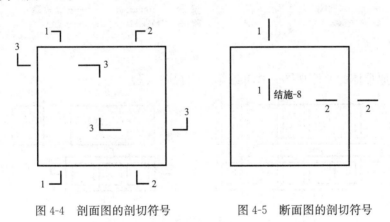

图 4-4 剖面图的剖切符号　　图 4-5 断面图的剖切符号

子任务 2 绘制形体的剖面图和断面图

1. 绘制下列形体的剖面图（图 4-6）

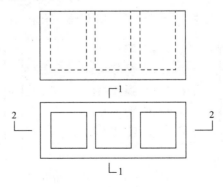

图 4-6 绘制形体的剖面图

（1）形体分析

该形体的形状及两个剖切位置如图 4-7 所示。

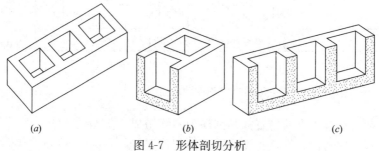

图 4-7　形体剖切分析

（a）形体形状；（b）1-1 剖切；（c）2-2 剖切

（2）绘图步骤

1）建立图层（图 4-8）

状态	名称	开	冻结	锁定	颜色	线型	线宽
✓	0				白	Continuous	默认
	粗实线				白	Continuous	1.00 毫米
	细实线				白	Continuous	默认
	中粗实线				白	Continuous	0.50 毫米
	虚线				白	DASHED	默认

图 4-8　建立图层

2）绘制原形体的两面视图，并补绘第三面视图（图 4-9）。

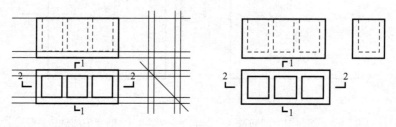

图 4-9　补绘左视图

3）绘制 1-1 剖面图

1-1 剖面图的投影方向与左视图一致，可将左视图按照剖面图绘图规则进行修改，突出断面，即可形成 1-1 剖面图。

将左视图复制出一份并选中，全部放至"粗实线"图层（图 4-10）。

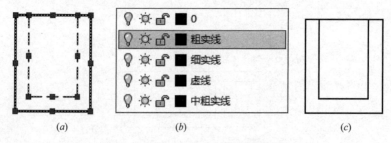

图 4-10　修改出 1-1 剖切位置断面

（a）全部选择；（b）放入"粗实线"图层；（c）修改完毕

键盘输入"BR"（Break，打断及打断于点），如图 4-11 所示，按【Enter】确认。
选择上面的直线，按照提示输入"F"（图 4-12）。

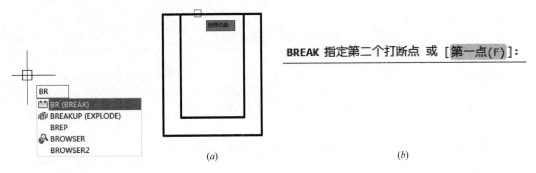

BREAK 指定第二个打断点 或 [第一点(F)]：

图 4-11　进入打断命令　　　　图 4-12　选择打断方式

（a）选择要打断的对象；（b）选择"第一点（F）"

依次用十字光标选择第一点和第二点（图 4-13）。

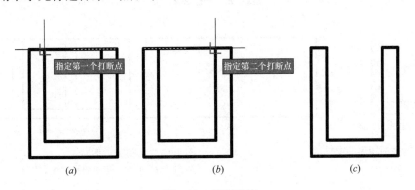

图 4-13　打断直线

（a）第一个打断点；（b）第二个打断点；（c）打断完毕

将"中粗实线"设为当前图层，上部还有不在断面上的远
处的投影线，即看线，绘制看线（图 4-14）。

设置"细实线"图层为当前图层，键盘输入"H"
（Hatch，填充），按【Enter】键确认，进入到填充命令，此时
界面上面的选项卡自动切换到"图案填充创建"选项卡，命令
栏也显示与其有关的命令和设置内容（图 4-15）。

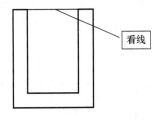

图 4-14　绘制上部看线

按照提示，用十字光标在断面区域内点击，则选择了断面
轮廓。此时可同时预览填充图案的疏密程度，可以在命令栏中"填充图案比例"右侧更改
数字为"3"以调整比例。预览合适后按【Enter】键确定退出命令（图 4-16）。

图 4-15　"图案填充创建"选项卡

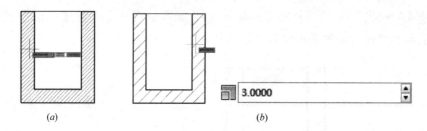

图 4-16　调整填充比例

(*a*) 选择填充对象；(*b*) 比例更改为 3

在剖面图下面添加图名"1-1 剖面图"，加下划线（图 4-17）。

4）绘制 2-2 剖面图

2-2 剖面图的投影方向与主视图一致，可将主视图按照剖面图绘图规则进行修改，突出断面，即可形成 2-2 剖面图。

将主视图复制出一份并选中，全部放至"粗实线"图层（图 4-18）。

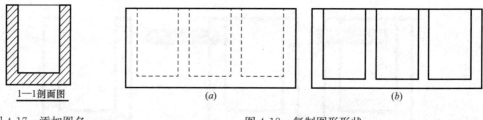

1—1剖面图

图 4-17　添加图名

(*a*)

(*b*)

图 4-18　复制图形形状

(*a*) 主视图；(*b*) 复制之后改为粗实线

将看线位置的直线剪切掉，再用直线补上，形成三个独立直线，将其选中，放至"中粗实线"图层中（图 4-19）。

将断面填充，并添加图名（图 4-20）。

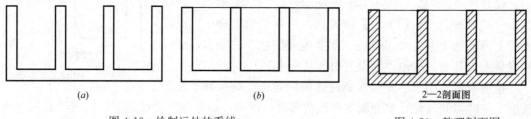

(*a*)

(*b*)

2—2剖面图

图 4-19　绘制远处的看线

(*a*) 剪切直线；(*b*) 绘制看线

图 4-20　整理剖面图

2. 绘制下面形体的断面图（图 4-21）

（1）形体分析

该形体的形状及剖切位置如图 4-22 所示。

断面为工字形，绘制出断面即可，断面图无需绘制看线。

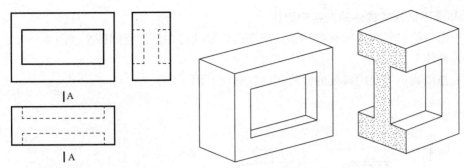

图 4-21 绘制 A-A 断面图   图 4-22 分析剖面形状

（2）绘图步骤

1）建立图层（图 4-23）

状态	名称	开	冻结	锁定	颜色	线型	线宽
✓	0	💡	☀	🔓	■白	Continuous	—— 默认
◪	粗实线	💡	☀	🔓	■白	Continuous	▬ 1.00 毫米
◪	细实线	💡	☀	🔓	■白	Continuous	— 默认
◪	虚线	💡	☀	🔓	■白	DASHED	— 0.50 毫米

图 4-23 建立图层

2）绘制 A-A 断面图

A-A 断面图与左视图投影方向一致，可将左视图修改，绘制成 1-1 断面图。

将左视图复制出一份并选中，全部放至"粗实线"图层（图 4-24）。

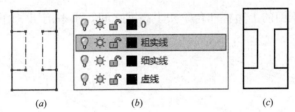

（a）   （b）   （c）

图 4-24 复制出断面形状

（a）全部选择；（b）放入"粗实线"图层；（c）修改完毕

将两侧图线剪切，形成工字形断面；将断面内填充 45°斜线，适当调整填充比例；添加图名（图 4-25）。

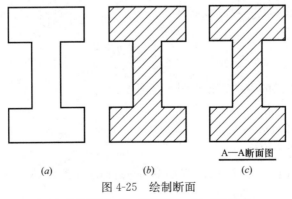

（a）   （b）   （c）

图 4-25 绘制断面

（a）修剪断面；（b）填充图案；（c）添加图名

3. 补全下面建筑构件的左视剖面图

三视图中给出了主视图和俯视图，根据形体形状将左剖面视图补全（图 4-26）。

（1）形体分析

该三视图表示的是门口处的台阶和雨篷形状（图 4-27）。

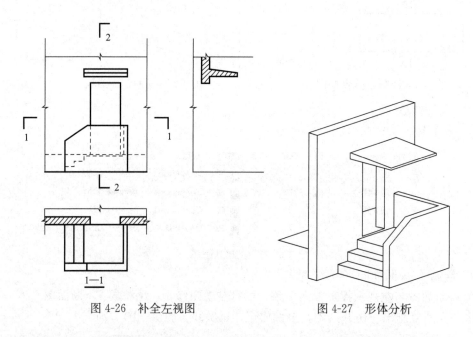

图 4-26　补全左视图　　　　　　　　　图 4-27　形体分析

1-1 剖切位置位于门的上边框和台阶扶手高度之间，水平剖切（图 4-28）。

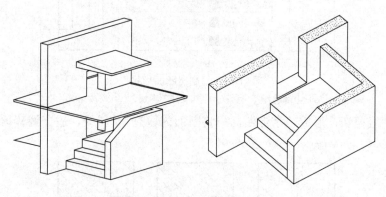

图 4-28　1-1 剖切分析

2-2 剖切位置位于门的中央，竖直剖切（图 4-29）。

（2）绘制步骤

1）新建图层如图 4-30 所示。

2）抄绘原题目的过程略。

3）找到墙体背面的投影线在俯视图和左视图的对齐点 A，从 A 点做 45°辅助线（图 4-31）。

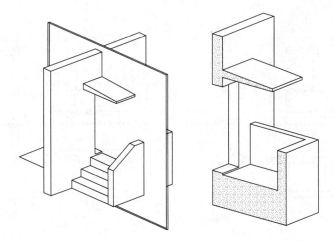

图 4-29 2-2 剖切分析

状态	名称	开	冻结	锁定	颜色	线型	线宽
	0				白	Continuous	默认
	粗线				白	Continuous	1.00 毫米
✔	辅助线				白	Continuous	默认
	剖切符号				白	Continuous	1.00 毫米
	中粗				白	Continuous	0.50 毫米
	细线				白	Continuous	默认
	虚线				白	DASHED	0.50 毫米

图 4-30 新建图层

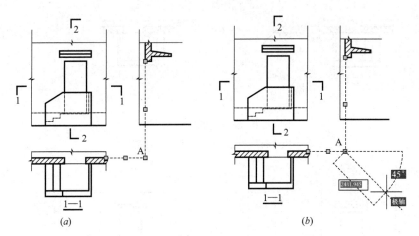

(a)　　(b)

图 4-31 作 45°辅助线

(a) 辅助线交点作为 45°线起点;(b) 绘制 45°线

4) 用构造线做墙体的投影线,剪切整理(图 4-32)。

5) 用构造线做门洞下方的投影线,剪切并整理左视图中多余的辅助线(图 4-33)。

6) 用构造线绘制台阶扶手的投影线,剪切并整理多余的辅助线(图 4-34)。

7) 将"粗线"图层设为当前图层,描绘断面轮廓。

将"细线"图层设为当前图层,将断面填充 45°斜线(图 4-35)。

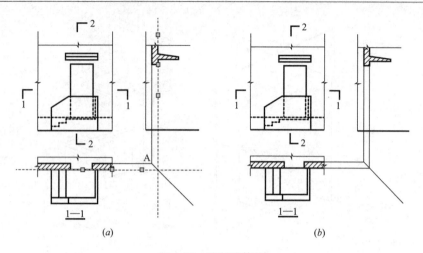

图 4-32　绘制墙体线

(a) 作墙体辅助线；(b) 整理墙线

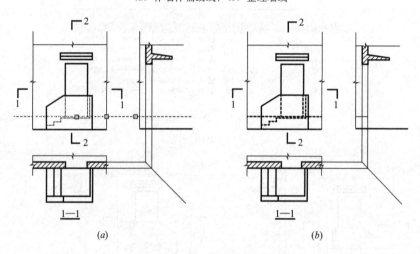

图 4-33　确定门洞下方高度线

(a) 按照门洞下方位置作辅助线；(b) 修剪整理

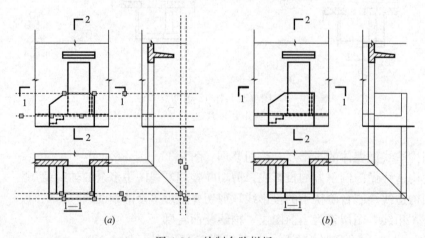

图 4-34　绘制台阶栏板

(a) 作台阶栏板辅助线；(b) 整理图线

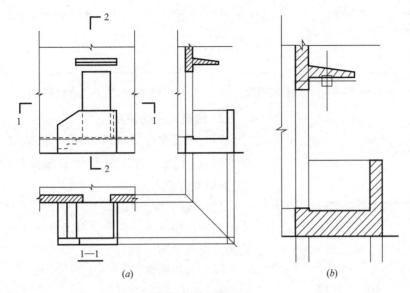

图 4-35 绘制栏板断面

(*a*) 描绘断面轮廓；(*b*) 填充断面

8）将扶手和门框看线放至"中粗"图层，删除多余的辅助线，添加图名（图 4-36）。

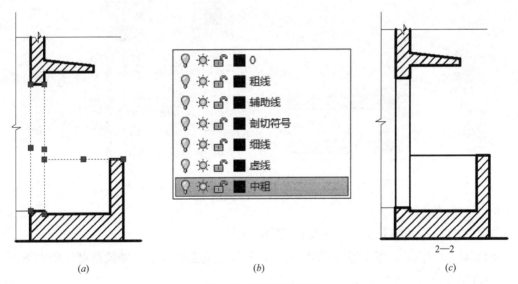

图 4-36 修改看线图层

(*a*) 选择图线；(*b*) 放于"中粗"图层；(*c*) 修改完毕

【拓展提高】

1. 打断和打断于点命令的使用

打断和打断于点命令均为"Break"（快捷键"BR"）。

打断是指在两点之间打断选定的对象，可以在对象上的两个指定点之间创建间隔，从而将对象打断为两个对象，通常用于为块或文字创建空间（图 4-37）。

打断于点是指在一点打断选定的对象，其有效对象包括直线、开放的多段线和圆弧，不能在一点打断闭合对象（例如圆）（图 4-38）。

图 4-37　在两点之间打断直线　　　图 4-38　在一个点打断直线

2. 填充命令的使用

（1）填充命令为"Hatch"（快捷键"H"），命令行按钮为 ▨，进入命令后上部标签会自动转到"图案填充创建"。

（2）提示"拾取内部点"时，先用十字光标在一个密闭图形中点击，命令会自动查找这个点周边的最近闭合图形（图 4-39）。

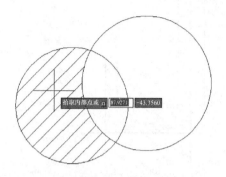

图 4-39　查找填充边界

（3）编辑图案

1）点击 图案 ▼ 出现列表，可选择填充实体、渐变色、图案和用户定义（图 4-40）。

2）点击按钮 出现图案列表（图 4-41），可在其中选择需要的图案。

图 4-40　图案列表

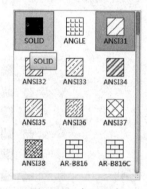

图 4-41　常用图案

（4）编辑角度

填充角度是指在图案设定的基础上旋转的角度。

例如对于图案，图案设定已经为 45°，如果想填充和设定一样的角度，则在下面的设置中将角度设为 0（图 4-42）。

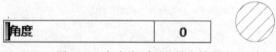

图 4-42　角度为 0°时的填充效果

对于图案，如果想填充成垂直线，则在下面的设置中将角度设为 45（图 4-43）。

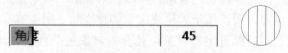

图 4-43　角度为 45°时的填充效果

（5）编辑比例

比例用于调节填充图案的疏密程度，一般来说数字越小图案越密（图 4-44）。

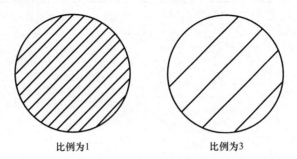

比例为1   比例为3

图 4-44　不同比例下填充的疏密程度

3. 建筑材料图例

建筑工程中所用的建筑材料是多种多样的，为了在图纸上清楚地表示材料，标准中规定了各种建筑材料图例，见表 4-1。

常用建筑材料图例　　　　　　　　　　　　　　　表 4-1

序号	名称	图例	备注
1	自然土壤		包括各种自然土壤
2	夯实土壤		
3	砂、灰土		
4	砂砾石、碎砖三合土		
5	石材		
6	毛石		
7	实心砖、多孔砖		包括实心砖、多孔砖、混凝土砖等砌体。断面较窄不易绘出图例线时，可涂红，并在图纸备注中加注说明，画出该材料图例
8	耐火砖		包括耐酸砖等砌体
9	空心砖		包括空心砖、普通或轻骨料混凝土小型空心砌块等砌体

续表

序号	名称	图例	备注
10	饰面砖		包括铺地砖、玻璃马赛克、陶瓷锦砖、人造大理石等
11	混凝土		1. 包括各种强度等级、骨料、添加剂的混凝土； 2. 在剖面图上画出钢筋时，不画图例线； 3. 断面图形较小，不易画出图例线时，可填黑或深灰（灰度宜70%）
12	钢筋混凝土		
13	多孔材料		包括水泥珍珠岩、沥青珍珠岩、泡沫混凝土、软木、蛭石制品等
14	纤维材料		包括矿棉、岩棉、玻璃棉、麻丝、木丝板、纤维板等
15	防水材料		构造层次多或比例大时，采用上面图例
16	加气混凝土		包括加气混凝土砌块砌体、加气混凝土墙板及加气混凝土材料制品等
17	泡沫塑料材料		包含聚苯乙烯、聚乙烯、聚氨酯等多聚合物类材料

任务 2　绘制建筑剖面图

抄绘图 4-45 中的剖面图，以单元 2 中的平面图和单元 3 中的立面图为参考尺寸。

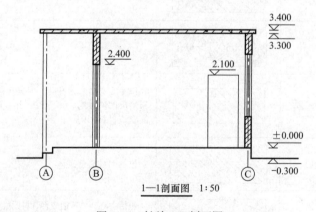

图 4-45　抄绘 1-1 剖面图

剖切位置如图 4-46 所示平面图中的剖切符号。

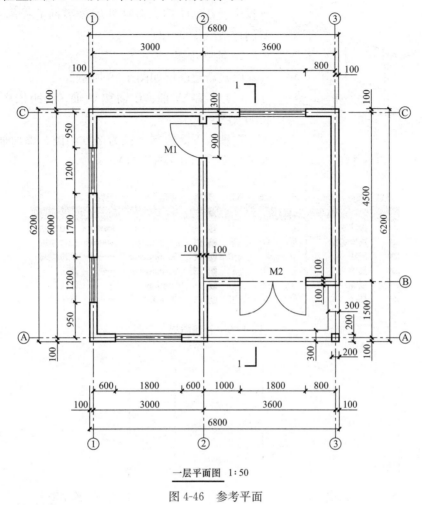

一层平面图　1:50

图 4-46　参考平面

1. 形体分析

1-1 剖切位置位于 2 轴和 3 轴之间，从右向左侧投影，1-1 剖面图左边为 A 轴，右边为 C 轴。

1-1 剖切面剖切到 B 轴和 C 轴的墙体及其上面的门窗，还剖切到 A 轴附近的两级室外台阶（图 4-47）。

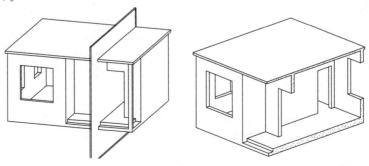

图 4-47　剖切分析

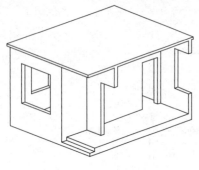

图 4-48　看线分析

向左侧投影时，没有在剖切面上，但是在投影时有投影看线 M1 门、A 轴外墙外表面的投影线以及门窗洞口线（图 4-48）。

2. 绘制步骤

（1）新建图层如图 4-49 所示。

（2）绘制 A 轴、B 轴和 C 轴，间距依次为 1500、4500（图 4-50）。

在轴线下面绘制半径为 200 的圆，添加轴号数字，数字高度为 250（图 4-51）。

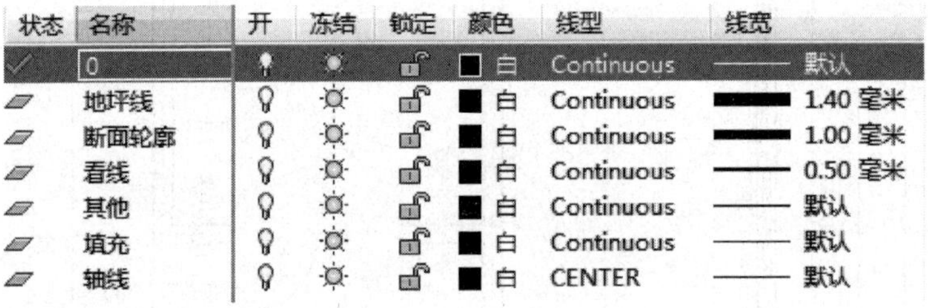

状态	名称	开	冻结	锁定	颜色	线型	线宽
✓	0				■ 白	Continuous	—— 默认
▱	地坪线	♀	☼	🔓	■ 白	Continuous	■■ 1.40 毫米
▱	断面轮廓	♀	☼	🔓	■ 白	Continuous	■ 1.00 毫米
▱	看线	♀	☼	🔓	■ 白	Continuous	— 0.50 毫米
▱	其他	♀	☼	🔓	■ 白	Continuous	—— 默认
▱	填充	♀	☼	🔓	■ 白	Continuous	—— 默认
▱	轴线	♀	☼	🔓	■ 白	CENTER	—— 默认

图 4-49　新建图层

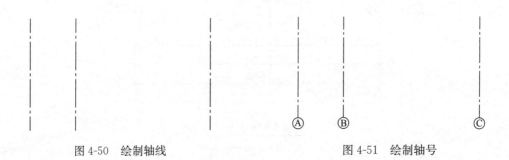

图 4-50　绘制轴线　　　　　　　　　　图 4-51　绘制轴号

（3）将 B、C 轴分别向各自两侧偏移 100，并将其放至"断面轮廓"图层（图 4-52）。

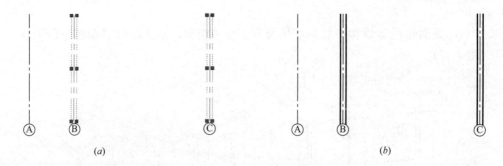

(a)　　　　　　　　　　　　　　　　　(b)

图 4-52　偏移出断面墙体

(a) 偏移轴线；(b) 放至"断面轮廓"图层

将 A 轴向左偏移 100，放至"看线"图层（图 4-53）。

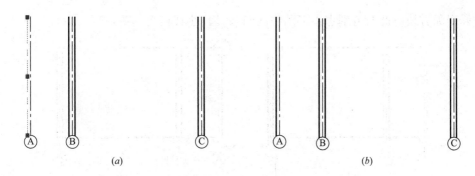

图 4-53　偏移出看线墙体

(*a*) 偏移轴线；(*b*) 放至"看线"图层

（4）在"地坪线"图层上绘制地坪线，剪切掉地坪下的多余线。台阶每个踏步踢面高150，踏面宽 300（图 4-54）。

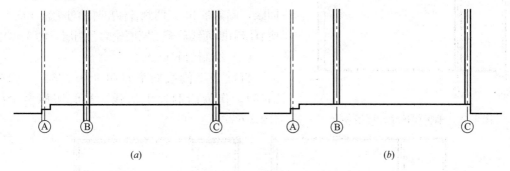

图 4-54　绘制地坪线

(*a*) 绘制地坪线；(*b*) 修剪多余的墙线

（5）将室内地坪线向上复制 3300，将其放至"断面轮廓"图层（图 4-55）。

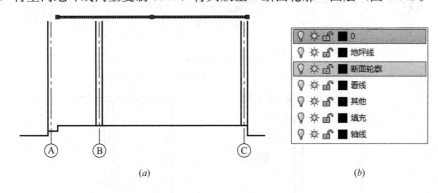

图 4-55　复制出屋顶线

(*a*) 室内地坪线向上复制；(*b*) 更改至"断面轮廓"图层

键盘输入"F"（Fillet，倒圆角），按【Enter】键确定，按照提示输入"R"（图 4-56），设置半径为"0"。

FILLET 选择第一个对象或 [放弃(U) 多段线(P) 半径(R) 修剪(T) 多个(M)]:

图 4-56　倒圆角命令提示行

光标变为方块，此时分别点击下图中的两条线，使其相交（图 4-57）。

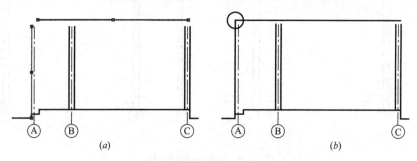

图 4-57　用倒圆角命令编辑屋顶线和墙线相交

（a）依次点击屋顶线和墙线；（b）左上角为相交结果

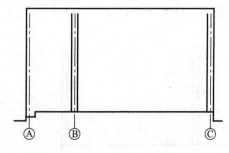

图 4-58　编辑屋顶线和墙线相交

同样的方式将右上角两条直线相交（图 4-58）。

将其他直线延伸至上方直线，并绘制屋盖断面线，屋盖厚 100，两侧各伸出外墙外表面 100。将所有屋盖断面线放至"断面轮廓"图层（图 4-59）。

（6）绘制门洞口。

将屋盖下沿线向下复制 900（3300－门高 2400），作为门洞口上沿线，并剪切掉多余线（图 4-60）。

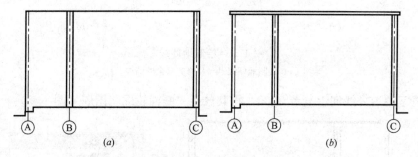

图 4-59　绘制屋面板

（a）屋面线向上复制 100；（b）两侧突出 100，整理图线

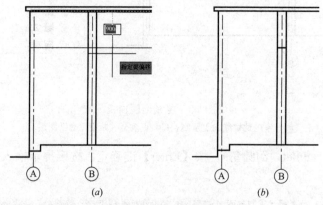

图 4-60　绘制门洞口

（a）屋盖下沿线向下复制 900；（b）修剪多余图线

剪切掉门洞口线，在"看线"图层中添加门洞口看线（图 4-61）。

（7）绘制窗洞口。

将地坪线向上复制 900，再复制 1800，作为窗洞口线，并剪切掉多余线，将其放至"断面轮廓"图层中（图 4-62）。

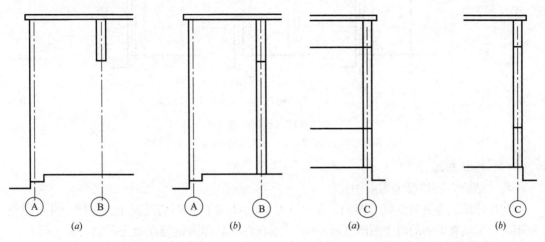

图 4-61 添加门洞口看线   图 4-62 绘制窗洞口

（a）修剪门洞口线；（b）添加门洞口看线   （a）绘制窗口高度线；（b）修剪多余线

剪切掉窗洞口线，在"看线"图层中添加窗洞口看线（图 4-63）。

（8）绘制 M1 门看线

将 C 轴向左复制 300，再向左复制 900，将地坪线向上复制 2100（图 4-64）。

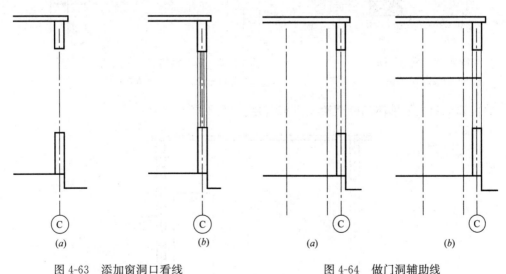

图 4-63 添加窗洞口看线   图 4-64 做门洞辅助线

（a）修剪洞口线；（b）添加窗户图例   （a）做竖直辅助线；（b）做门洞高度线

将"看线"图层设为当前图层，用矩形命令描绘门的轮廓线，删除辅助线（图 4-65）。

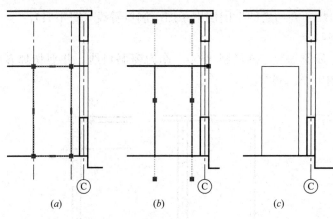

图 4-65 绘制门线

（a）用矩形描绘门轮廓；（b）删除辅助线；（c）绘制完毕

（9）填充断面

将"填充"图层设为当前图层。

将屋盖填充为钢筋混凝土图例。在 AutoCAD 中并未提供钢筋混凝土的图例，可在填充范围内分别填充下面的两个图例（图 4-66），重合在一起即为钢筋混凝土图例（图 4-67）。

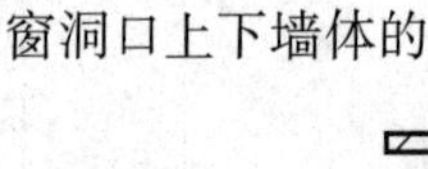

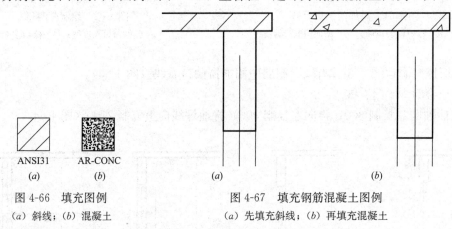

ANSI31   AR-CONC

（a）   （b）

图 4-66 填充图例

（a）斜线；（b）混凝土

（a）   （b）

图 4-67 填充钢筋混凝土图例

（a）先填充斜线；（b）再填充混凝土

将门窗洞口上下墙体的断面填充为 45°斜线（图 4-68）。

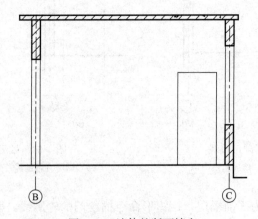

图 4-68 墙体的断面填充

（10）添加标高和图名（图 4-69）

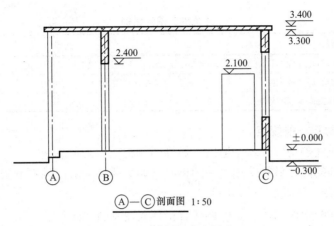

$$\textcircled{A}\!-\!\textcircled{C}\ \text{剖面图}\ \ 1:50$$

图 4-69 添加标高和图名

【拓展提高】

1. 倒圆角命令的使用

倒圆角命令为 Fillet（快捷键为"F"），用于在两条线之间用圆弧光滑相连。

例如，将下面路口的角点改为半径为 2m 的圆角（图 4-70）。

进入命令后在提示下输入"R"，将半径设为 2000，按【Enter】键确定，再点击"M"进入多次编辑模式，分别点击下图中的四组直线，则角点改为圆角（图 4-71）。

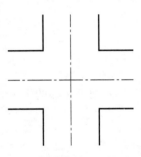

图 4-70 准备将路口的角点倒圆角

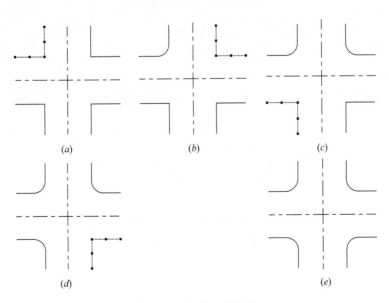

图 4-71 将路口倒圆角

（*a*）点击第一组；（*b*）点击第二组；（*c*）点击第三组；
（*d*）点击第四组；（*e*）编辑完毕

2. 建筑施工图的比例

图名	比例
建筑施工图的比例	表 4-2

图名	比例
建筑物或构筑物的平面图、立面图、剖面图	1∶50、1∶100、1∶150、1∶200、1∶300
建筑物或构筑物的局部放大图	1∶10、1∶20、1∶25、1∶30、1∶50
配件及构造详图	1∶1、1∶2、1∶5、1∶10、1∶15、1∶20、1∶25、1∶30、1∶50

3. 常用建筑材料一般规定

（1）图例线应间隔均匀，疏密适度，做到图例正确，表示清楚。

（2）不同品种的同类材料使用同一图例时（如某些特定部位的石膏板必须注明是防水石膏板时），应在图上附加必要的说明。

（3）两个相同的图例相接时，图例线宜错开或使倾斜方向相反（图 4-72）。

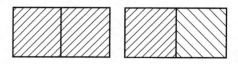

图 4-72　相同图例相接时的画法

（4）两个相邻的涂黑图例间应留有空隙。其净宽度不得小于 0.5mm（图 4-73）。

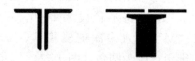

图 4-73　相邻涂黑图例的画法

（5）下列情况可不加图例，但应加文字说明：

1）一张图纸内的图样只用一种图例时；

2）图形较小无法画出建筑材料图例时。

（6）需画出的建筑材料图例面积过大时，可在断面轮廓线内，沿轮廓线作局部表示（图 4-74）。

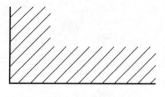

图 4-74　局部表示图例

项目 2　阳光小学教学楼建筑施工图的绘制

单元 5　绘制建筑设计说明

【知识目标】

1. 掌握建筑设计说明和门窗表表达的内容。

2. 掌握多行文字命令的使用。

3. 掌握表格命令的使用。

【能力目标】

1. 能绘制建筑设计说明。

2. 能绘制门窗表。

【素质目标】

培养学生认真阅读的习惯，培养学生综合利用不同软件工作和在工作中解决问题的能力。

【任务介绍】

施工图首页一般由图纸目录、设计说明、工程做法表和门窗表组成，本项目中要绘制出建筑设计说明和门窗表。如图 5-1 所示。

【任务分析】

建筑说明中文字较多，需要按段落排版，可在多行文字命令中输入，也可在 word 中将文字及段落编排好再粘贴到多行文字中。

门窗表为表格形式，使用表格命令创建门窗表。

任务 1　绘制建筑设计说明

1. 识读建筑设计总说明

建筑施工图的图纸排序一般按照建筑设计总说明、平面图、立面图、剖面图、详图的顺序安排，而首页一般为建筑设计总说明，包括图纸目录、建筑设计说明、构造做法、门窗表及节能参数等。

建筑设计总说明一般包括：

（1）工程概况，包括建筑基本参数、建筑耐火等级、防水等级、设计使用年限、抗震设防烈度、结构形式等。

（2）设计依据。

（3）一层地面标高±0.000 所对应的绝对标高。

（4）施工要求，如对墙体、装修、门窗、楼梯、防水、油漆等构造及施工要求。

（5）节能设计说明。

（6）其他要说明的内容。

建筑设计总说明

一、工程概况

本工程教学楼。位于xx县xxx村内。本工程建筑工程等级为二级，设计使用年限为50年，总建筑面积3724平方米，基底面积931平方米，普通教室共32个，活动室8个，办公室8个，室内外高差450。主体共4层，普通教室层高3600；建筑层高度15.750米；屋面防水等级：三级；设计使用年限：50年；抗震设防烈度：7度。设计基本地震加速度值：0.15g。结构形式：框架结构。

二、设计依据

2.1 设计合同，计划投资及建设单位同意的相关文件。
2.2 规划部门提供的场地地形图。
2.3 现行有关国家的设计规范和远程提供的相关资料。
2.4 学校设计委托书及经建设单位同意的设计方案。

三、设计标高

本工程一层地面相对标高±0.000米。施工时应会同相关部门核定实确定。
本工程一层地面标高相当于勘测报告提供的相对标高72.680米。

四、墙体工程

4.1 墙体：±0.000以上采用机制粘土砖，内墙厚200，外墙厚300，混合砂浆砌筑。±0.000以下为水泥砂浆砌筑。砌体强度等级按结施说明。
4.2 ±0.000以下墙体留洞及封墙详结施和设备图。暖沟位置详设备图。
4.3 暖沟护角。内墙门洞边（包括阳角）均做2.5水泥砂浆护角，宽100，高2400，面层厚度同其所在的内墙相应做法。

五、防火构造要求

1.教学楼的每一层为一个火分区，设有消火栓和灭火器。
2.教学楼设有内部楼梯及一个通向办公楼的通道，疏散满足防火规范的要求。

六、内外装修

6.1 喷涂面

喷涂面要求基底找灰平整，饰面涂料颜色纯正，色差小，喷涂厚度均匀，不得流淌，特别做好阴阳角的施工。
6.2 基层抹灰要求基线分明，表面平整。
6.3 外墙涂料颜色应作出样板，有甲方、监理认可后，再大面积施工。

七、门窗工程

7.1 建筑外门窗抗风压性能等级为6级以上，由厂家依据基本风压，周边环境及建筑高度设计确定，水密性能等级为4级，气密性能等级为3级，隔声性能等级为3级。保温性能等级为8级，水密等级为3级。
7.2 门窗玻璃的选用应遵照《建筑安全玻璃管理规定》发改运行[2003]2116号及地方主管部门的有关规定。中空玻璃空气层应大于10毫米。
7.3 门窗立面均表示洞口尺寸，门窗加工尺寸要按照装修面层厚度由表中包商予以调整。

八、油漆工程

木材面油漆：调和漆两道，底油一道，满刮腻子。
金属面油漆：调和漆两道，刮腻子，防锈漆一道。

九、节能设计

节能设计依据《民用建筑热工设计规范》GB50176-2016和《公共建筑节能设计标准》GB50189-2015进行设计。
9.1 屋面采用聚苯板110厚保温层。
9.2 外墙采用粘土砖110厚，外加60聚苯板保温。
9.3 教室门为两层外侧是钢制保温门（甲方自理），内侧为木夹板门。

十、防水工程

10.1 屋面防水：依据《屋面工程技术规范》和《民用建筑节能设计》（采暖居住部分）屋面等级为三级，防水耐用年限为十年。
10.2 墙身防潮：本工程地下水位较低，采用地梁混凝土作为墙身防潮层。

十一、楼梯工程

本工程采用四部双跑楼梯做为垂直交通通道，要求踏步尺寸均匀及平顺，防滑结实顺畅，栏杆扶手平筆，水平段高度为1050。

十二、其他

12.1 本工程包括建筑、结构、给排水、采暖通风、电气各专业的设计。
12.2 本工程除标高及图尺寸的单位为米（M）外，其余均为毫米(MM)。
12.3 施工中各专业应密切配合，管线交叉处应精心施工，尽事宜均按国家有关规范和规程执行。

门窗表

类别	编号	宽×高(mm)	一层	二层	三层	四层	备注
门	M1	900×2100	20	23	23	23	乙级防火门
	M2	1800×2100	3	2	2	2	乙级防火门
	M3	3600×2100	1	0	0	0	乙级防火门
窗	C1	1800×1800	6	7	7	7	塑钢窗
	C2	2100×1800	25	28	28	28	塑钢窗
	C3	2700×600	8	9	9	9	塑钢窗

图5-1　建筑设计总说明

2. 绘制建筑设计总说明

在图纸中绘制下面的建筑设计说明，适当进行排版。

键盘输入"T"（Text，多行文字），在多行文字内输入文字即可。

【拓展提高】

1. 多行文字命令的使用

多行文字的命令为"TEXT"（快捷键"T"）。

进入多行命令，用十字光标拖出文字输入窗口，输入文字即可。

此时软件自动切换到"文字编辑器"标签，利用里面的命令在输入文字时可对文字进行编辑（图 5-2）。

图 5-2　"文字编辑器"标签

2. 钢筋符号的输入

将"Tssdchn. Shx"、"Tssdeng. Shx"、"Tssdeng2. Shx"三个字体文件放入 AutoCAD 安装目录下的"Fonts"文件夹里（图 5-3）。

新建文字样式，字体名选择 tssdeng. shx，大字体选择 tssdchn. shx，则输入文字 ％％130、％％131、％％132、％％133 分别代表Ⅰ、Ⅱ、Ⅲ、Ⅳ级钢筋。

3. 分数的输入

例如，在多行文字中输入"1/7"，然后选中"1/7"，点击鼠标右键，在菜单中点击"堆叠"，则显示为分数形式（图 5-4）。

图 5-3　钢筋符号所属字体文件　　　　图 5-4　分数的堆叠

任务 2　绘制门窗表

门窗表是对建筑物上所有不同类型门窗的统计表格。它主要反映门窗的数量、大小、类型、编号及其他备注等。

绘制下面的门窗表（图 5-5）。

点击"默认"选项卡上的"表格"按钮 ⊞ 表格，在插入表格对话框中设置为 5 列 6 行（图 5-6）。

在绘图区用十字光标插入表格（图 5-7）。

点击单元格，输入文字（图 5-8）。

门窗表							
类别	编号	宽×高 (mm)	数量				备注
			一层	二层	三层	四层	
门	M1	900×2100	20	23	23	23	乙级防火门
	M2	1800×2100	3	2	2	2	乙级防火门
	M3	3600×2100	1	0	0	0	乙级防火门
窗	C1	1800×1800	6	7	7	7	塑钢窗
	C2	2100×1800	25	28	28	28	塑钢窗
	C3	2700×600	8	9	9	9	塑钢窗

图 5-5　绘制门窗表

图 5-6　插入表格对话框

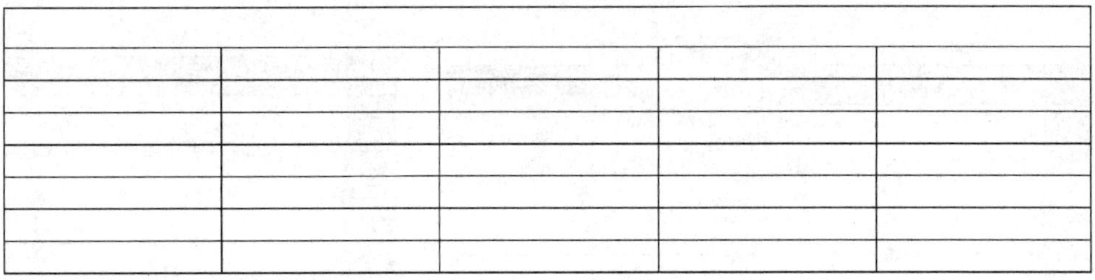

图 5-7　插入的空白表格

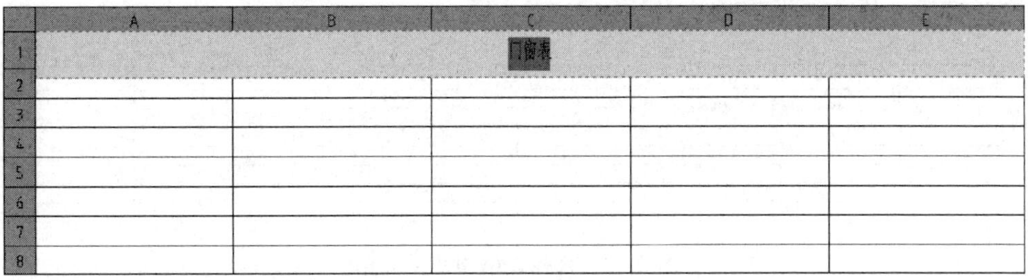

图 5-8　输入表格文字

此处还想在右侧添加列，点击表中"E"列，在右键菜单中选择"列/在右侧插入"（图5-9）。

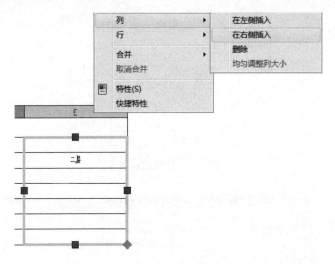

图 5-9　插入列

输入表头（图 5-10）。

门窗表							
类别	编号	宽×高(mm)	数量				备注
			一层	二层	三层	四层	

图 5-10　输入表头

选择"类别"和下面的空格，在右键菜单中点击"合并/按列"（图 5-11）。

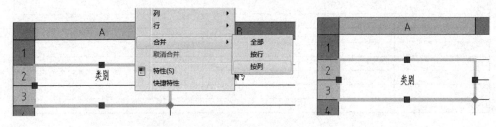

图 5-10　合并单元格

以此类推，将一些单元格合并（图 5-12）。

门窗表							
类别	编号	宽×高(mm)	数量				备注
			一层	二层	三层	四层	

图 5-12　合并表格中的单元格

输入下面的每一行数据（图 5-13）。

将所有的单元格选中，在右键菜单上点击"对齐/正中"，使所有的数据都能位于单元格中心位置（图 5-14）。

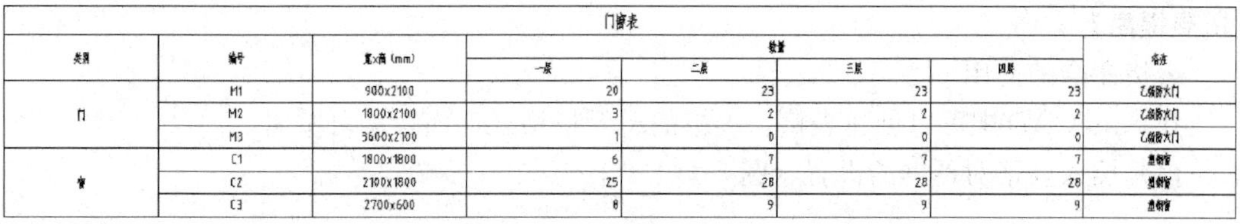

门窗表							
类别	编号	宽×高 (mm)	数量				备注
			一层	二层	三层	四层	
门	M1	900x2100	20	23	23	23	乙级防火门
	M2	1800x2100	3	2	2	2	乙级防火门
	M3	3600x2100	1	0	0	0	乙级防火门
窗	C1	1800x1800	6	7	7	7	景钢窗
	C2	2100x1800	25	28	28	28	景钢窗
	C3	2700x600	8	9	9	9	景钢窗

图 5-13　输入表内数据

图 5-14　数据对中

点击表格的边线，移动表格上的夹点，编辑单元格宽度（图 5-15）。

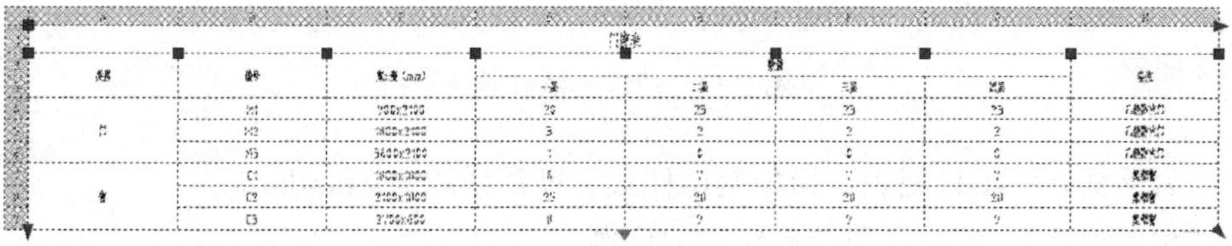

图 5-15　编辑单元格宽度

选择表格，显示夹点，拖拽表格编辑宽度（图 5-16）。

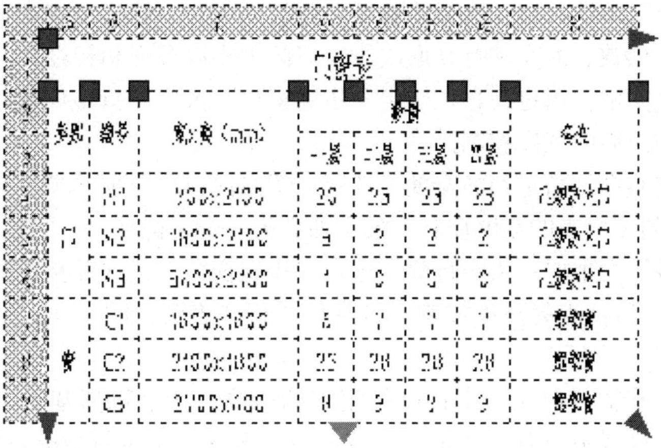

图 5-16　编辑单元格宽度

【拓展提高】

表格命令的使用

在 AutoCAD 中可以创建表格，表格的单元格格式、内容均可编辑。

（1）插入表格对话框的设置（图 5-17）

图 5-17   插入表格对话框

1）"表格样式"下拉列表：指定表格样式，默认样式为 Standard。

2）"预览窗口"：显示当前表格样式的样例。

3）"指定插入点"单选按钮：选择该选项，则插入表时，需指定表左上角的位置。用户可以使用定点设备，也可以在命令行输入坐标值。如果表样式将表的方向设置为由下而上读取，则插入点位于表的左下角。

4）"指定窗口"单选按钮：选择该选项，则插入表时，需指定表的大小和位置。选定此选项时，行数、列数、列宽和行高取决于窗口的大小以及列和行设置。

5）"列数"文本框：指定列数。选定"指定窗口"选项并指定列宽时，则选定了"自动"选项，且列数由表的宽度控制。

6）"列宽"文本框：指定列的宽度。选定"指定窗口"选项并指定列数时，则选定了"自动"选项，且列宽由表的宽度控制。最小列宽为一个字符。

7）"数据行数"文本框：指定行数。选定"指定窗口"选项并指定行高时，则选定了"自动"选项，且行数由表的高度控制。带有标题行和表头行的表样式最少应有三行。最小行高为一行。

8）"行高"文本框：按照文字行高指定表的行高。文字行高基于文字高度和单元边距，这两项均在表样式中设置。选定"指定窗口"选项并指定行数时，则选定了"自动"选项，且行高由表的高度控制。

（2）表格编辑

表格创建完成后，用户可以单击该表格上的任意网格线以选中该表格，然后使用"特性"选项板或夹点来修改表格。单击网格的边框线选中表格，将显示如图 5-18 所示的夹点模式。各个夹点的功能如下：

1）左上夹点：移动表格。

2）右上夹点：修改表宽并按比例修改所有列。

3）左下夹点：修改表高并按比例修改所有行。

4）右下夹点：修改表高和表宽并按比例修改行和列。

5）列夹点：在表头行的顶部，将列的宽度修改到夹点的左侧，并加宽或缩小表格以适应此修改。

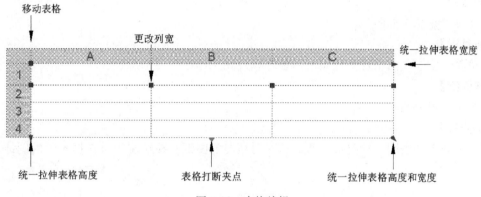

图 5-18　表格编辑

单元 6　绘制总平面图

【知识目标】

1. 掌握总平面图的相关制图标准。
2. 掌握总平面图的表达内容。
3. 掌握图块的创建和插入方式。

【能力目标】

能够绘制总平面图。

【素质目标】

培养学生在生活中观察建筑的习惯，以及在工作中严谨的态度。

【任务介绍】

绘制总平面图。

【任务分析】

总平面图是表明一项建设工程总体布置情况的图纸，在绘制中要根据不同的图线设置图层。

任务 1　识读平面图

通常将新建工程四周一定范围内的新建、拟建、原有和拆除的建筑物、构筑物连同其周围的地形、地物状况用水平方法和相应的图例所画出的工程图样，叫总平面图。它主要反映新建工程的位置、平面形状、场地及建筑入口、朝向、标高、道路等布置及其与周边环境的关系。它可以作为新建房屋施工定位、土方施工、设备管网平面布置的依据，也是室外水、暖、电管线等布置的依据。

识读总平面图（图 6-1）。

（1）该总平面图所示为学校，向上方为北，比例为 1∶500。

（2）新建建筑为教学楼和门卫，拟建建筑为食堂，拟拆除建筑为园区东南角的建筑。

（3）教学楼一层标高±0.000 对应绝对标高 72.68m，门卫的一层标高±0.000 对应绝对标高 72.53m，室外地坪绝对标高为 72.23m。

（4）教学楼总长 58.9m，总宽 22.6m，距拟建的食堂 7.5m，距球场 10.0m。

任务 2　绘制总平面图

（1）新建建筑教学楼和门卫用粗实线绘制。

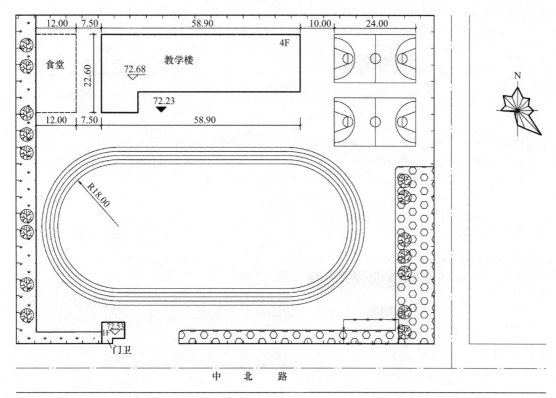

图 6-1 抄绘总平面图

（2）标高用细实线绘制，三角形高 1500，斜线为 45°，标高数字高度为 1500。

（3）用虚线绘制食堂，用图例绘制东南角拟拆除建筑。

（4）绘制跑道

绘制半径为 18000 的圆，从上下象限点向右绘制 50000 长直线，将圆以直线中点为镜像线镜像到右侧，整理图形如图 6-2 所示。

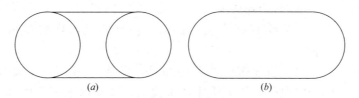

图 6-2 绘制跑道内轮廓
(a) 绘制圆和直线；(b) 修剪圆形成跑道轮廓

键盘输入"PE"（Pedit，多线编辑），提示选择多段线时，点击其中一条直线（图 6-3）。

提示是否转为多段线时，输入"Y"（图 6-4）。

按照提示列表选择合并（J）（图 6-5）。

选择其他直线（图 6-6）。

回车，即可将几条直线合成一条构造线（图 6-7）。

向外侧偏移 1200，形成跑道（图 6-8）。

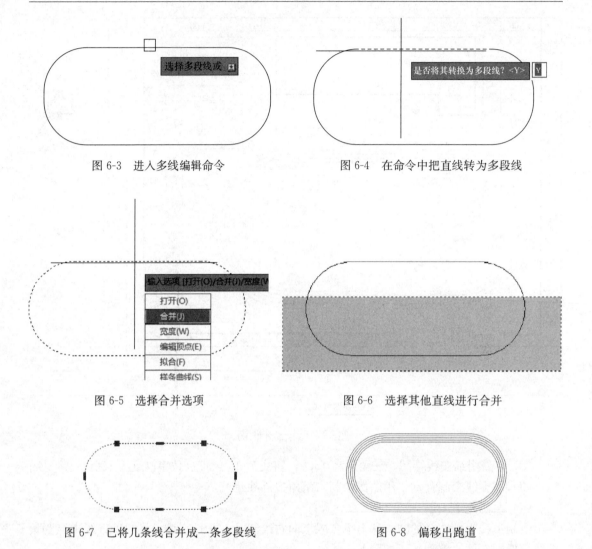

图 6-3 进入多线编辑命令　　　　图 6-4 在命令中把直线转为多段线

图 6-5 选择合并选项　　　　　　图 6-6 选择其他直线进行合并

图 6-7 已将几条线合并成一条多段线　　图 6-8 偏移出跑道

（5）绘制树木

1）绘制适当大小的圆，添加直线，形成树木的俯视示意图（图 6-9）。

2）键盘输入"B"（Block，图块），进入块定义对话框，将名称设为"树"，基点拾取树木圆心，选择树木所有内容，点击"确定"按钮（图 6-10）。

3）插入树木图块

键盘输入"I"（Insert，插入图块），在插入对话框中"名称"列表后选择刚刚定义的图块"树"，点击"确定"按钮（图 6-11）。

在屏幕上点击适当位置即插入树。

（6）填充草地

在填充图案中选择□草坪图案。

图 6-9 绘制树木

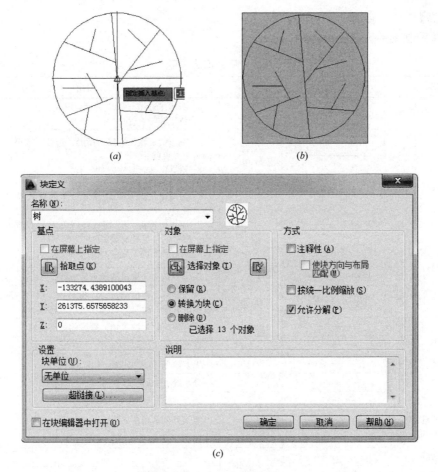

图 6-10　将树木做成图块

(a) 图块的基点拾取树木圆心；(b) 选择树木所有内容作为图块内容；
(c) 图块定义对话框

图 6-11　插入图块对话框

【拓展提高】

1. 总图制图的图线选用

总图制图的图线选用   表 6-1

名称		线型	线宽	用途
实线	粗	———————	b	1. 新建建筑物±0.00 高度可见轮廓线； 2. 新建铁路、管线
	中	———————	0.7b 0.5b	1. 新建构筑物、道路、桥涵、边坡、围墙、运输设施的可见轮廓线； 2. 原有标准轨距铁路
	细	———————	0.25b	1. 新建建筑物±0.00 高度以上的可见建筑、构筑物轮廓线； 2. 原有建筑物、构筑物、原有窄轨、铁路、道路、桥涵、围墙的可见轮廓线； 3. 新建人行道、排水沟、坐标线、尺寸线、等高线
虚线	粗	- - - - - -	b	新建建筑物、构筑物地下轮廓线
	中	- - - - - -	0.5b	计划预留扩建的建筑物、构筑物、铁路、道路、运输设施、管线、建筑红线及预留用地各线
	细	- - - - - -	0.25b	原有建筑物、构筑物、管线的地下轮廓线
单点长画线	粗	—·—·—·—	b	露天矿开采界限
	中	—·—·—·—	0.5b	土方填挖区的零点线
	细	—·—·—·—	0.25b	分水线、中心线、对称线、定位轴线
双点长画线		—··—··—	b	用地红线
		- ·· - ·· -	0.7b	地下开采区塌落界限
		- ·· - ·· -	0.5b	建筑红线
折断线		——/\——	0.5b	断线
不规则曲线		∿∿∿	0.5b	新建人工水体轮廓线

2. 总图的比例和单位

由于总平面图包括的区域较大，所以绘制时都用较小比例。通常选用的比例为 1∶500、1∶1000、1∶2000 等。

总图中的坐标、标高、距离以米为单位。坐标以小数点标注三位，不足以"0"补齐，标高距离以小数点后两位数标注，不足以"0"补齐，详图可以毫米为单位。

3. 坐标标注

总图应按上北下南方向绘制。根据场地形状或布局，可向左或向右偏转，但不宜超过 45°。总图中应绘制指北针或风玫瑰图。

新建房屋的定位尺寸基本上有两种：一种是以周围已建建筑物或道路中心线为参照物。实际绘图时，标明新建房屋与其相邻的已建建筑物或道路中心线的相对位置尺寸。另一种是以坐标表示新建物或构筑物的位置。当新建筑区域所在地形较为复杂时，为了保证施工放线的准确，常用坐标定位。坐标定位分为测量坐标和建筑坐标两种。

（1）测量坐标

在地形图上用细实线化成交叉十字线的坐标网，南北方向的轴线为 X，东西方向的轴线为 Y，这样的坐标为测量坐标。坐标网常用 100m×100m 或 50m×50m 的方格网。一般建筑物的定位宜注写其三个角的坐标，如建筑物与坐标轴平行，可注写其对角坐标（图 6-12）。

（2）建筑坐标

建筑坐标就是将建设地区的某一点定为"0"，采用 100m×100m 或 50m×50m 的方格网，沿建筑物主轴方向用细实线画成方格网通线。垂直方向为 A 轴，水平方向为 B 轴。适用于房屋朝向与测量坐标方向不一致的情况（图 6-13）。

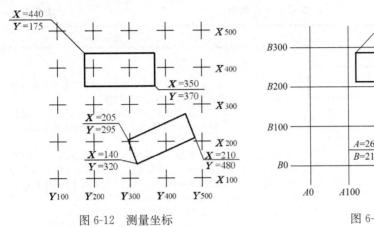

图 6-12　测量坐标

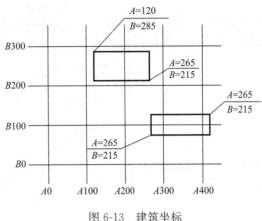

图 6-13　建筑坐标

4. 总图中的标高

（1）标高符号以直角等腰三角形表示，标高用细实线绘制（图 6-14）。

标高符号的具体尺寸见下图（图 6-15）。

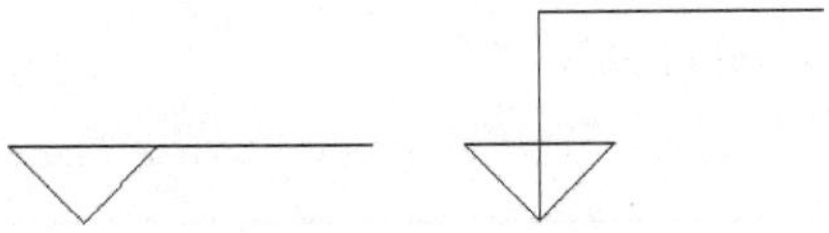

图 6-14　标高符号 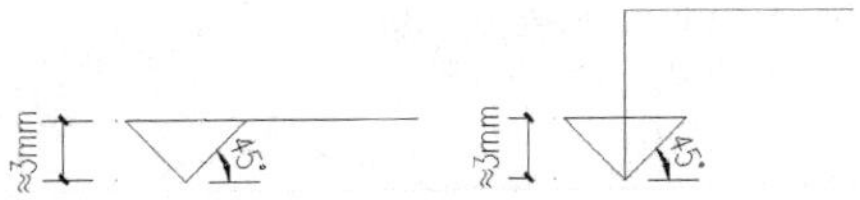　　　　　　　　　　　图 6-15　标高符号的具体尺寸

（2）总平面图室外地坪标高符号，宜用涂黑的三角形表示（图 6-16）。

总图中标注的标高应为绝对标高，当标注相对标高，则应注明相对标高与绝对标高的换算关系。

（3）标高的尖端应指至被注高度的位置，尖端宜向下，也可向上。标高数字应标写在标高符号的上侧或下侧（图 6-17）。

图 6-16　总平面图室外地坪标高符号 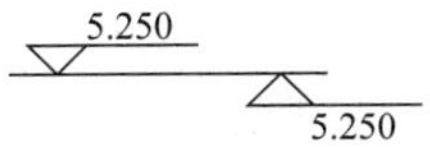　　　图 6-17　标高的尖端应指至被注高度的位置

（4）标高数字应以米为单位，注写到小数点以后第三位。在总平面图中，可注写到小数字点以后第二位。零点标高应注写成 ±0.000，正数标高不注"＋"，负数标高应注"－"，例如 3.000、－0.600。

（5）在图样的同一位置需表示几个不同标高时，标高数字可按图的形式注写（图 6-18）。

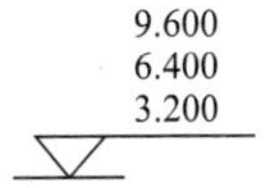

图 6-18　同一位置表示几个不同标高

（6）建筑施工图的标高有相对标高和绝对标高。绝对标高是以我国黄海平均海平面为零点，以此为基准设置的标高。相对标高是在新建建筑施工时设定的相对零点，便于施工中高度的取定，一般取一层室内主要地面标高作为相对标高的零点。

5. 总平面图例

常用总平面图例

表 6-2

序号	名称	图例	备注
1	新建建筑物		1. 新建建筑物以粗实线表示与室外地坪相接处±0.00外墙定位轮廓线； 2. 建筑物一般以±0.00高度处的外墙定位轴线交叉点坐标定位。轴线用细实线表示，并标明轴线号； 3. 根据不同设计阶段标注建筑编号，地上、地下层数，建筑高度，建筑出入口位置（两种表示方法均可，但同一图纸采用一种表示方法）； 4. 地下建筑物以粗虚线表示其轮廓； 5. 建筑上部（±0.00以上）外挑建筑用细实线表示； 6. 建筑物上部连廊用细虚线表示并标注位置
2	原有建筑物		用细实线表示
3	计划扩建的预留地或建筑物		用中粗虚线表示
4	拆除的建筑物		用细实线表示
5	建筑物下面的通道		
6	散装材料露天堆场		需要时可注明材料名称

130

续表

序号	名称	图例	备注
7	其他材料露天堆场或露天作业场		需要时可注明材料名称
8	铺砌场地		
9	敞棚或敞廊		
10	围墙及大门		
11	台阶及无障碍坡道	1. 2.	1. 表示台阶； 2. 表示无障碍坡道
12	坐标	1. $X=105.00$ $Y=425.00$ 2. $A=105.00$ $B=425.00$	1. 表示地形测量坐标系； 2. 表示自设坐标系； 3. 坐标数字平行于建筑标注
13	方格网交叉点标高	-0.50 | 78.85 78.35	1. "78.35"为原地面标高； 2. "77.85"为设计标高； 3. "-0.50"为施工高度； 4. "-"表示挖方（"+"表示填方）
14	室内地坪标高	151.00 (± 0.00)	数字平行于建筑物书写
15	室外地坪标高	▼ 143.00	室外标高也可采用等高线

序号	名称	图例	备注
16	地下车库入口	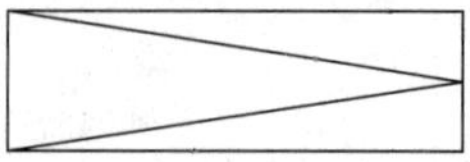	机动车停车场
17	地面露天停车场	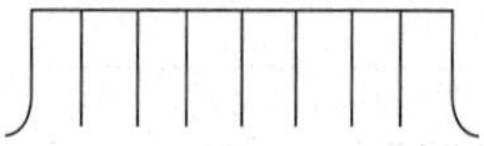	

6. 园林景观绿化图例

园林景观绿化图例　　　　　　　　　　　　　　　　　　　　　　　表 6-3

序号	名称	图例
1	常绿针叶乔木	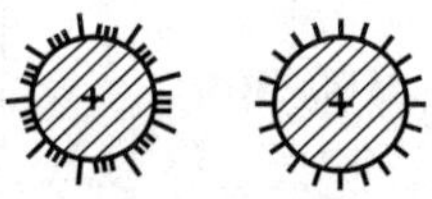
2	落叶针叶乔木	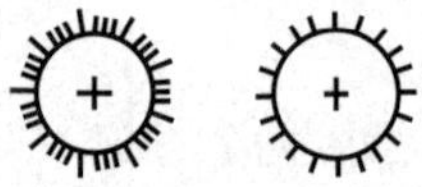
3	常绿阔叶乔木	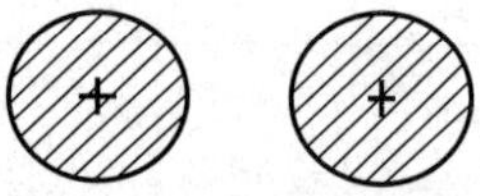
4	落叶阔叶乔木	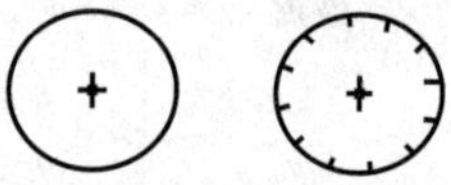

7. 风向频率玫瑰图

风向频率玫瑰图也称风玫瑰图，是根据某一地取多年平均统计的各个风向和风速的百分数值，并按一定比例绘制，一般多用 8 个或 16 个方位表示（图 6-19）。

风玫瑰图上的风向是指从外部吹向地区中心方向，各方向上按统计数据画出的线段，表示此方向风频率的大小，线段越长则该风向出现的次数越多。

8. 指北针

有的总平面图上只绘制指北针，不绘制风玫瑰图。

指北针用直径 24mm 的圆加指针表示方向，指针尾部宽度为 3mm（图 6-20）。

绘制时在构造线命令中，选择宽度（W），设置起点宽度为 0，端点宽度为 3，在命令行中的提示如下：

指定下一个点或 [圆弧（A）/半宽（H）/长度（L）/放弃（U）/宽度（W）]：w

指定起点宽度 <0>：0

指定端点宽度 <0>：3

9. 定义图块

CAD 中图块分为外部图块和内部图块两类，因此定义图块也有两种方法。

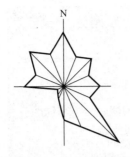

图 6-19 风向频率玫瑰图　　　　　　图 6-20 指北针

（1）内部图块

内部图块的命令是"BLOCK"（快捷键"B"），此方法定义的图块只能在定义图块的文件中使用，不能在其他文件中调用，因此成为内部图块。

进入命令弹出块定义对话框后，在对话框中设置名称、基点、对象等，即可定义完毕（图 6-21）。

图 6-21 内部图块定义

（2）外部图块

外部图块的命令是"WBLOCK"（快捷键"W"），此命令可将图形文件中的整个图形、内部图块或某些实体写入一个新的图形文件，其他图形均可以将它作为块调用，因此称为外部图块（图 6-22）。

10. 插入图块

插入图块的命令是"Insert"（快捷键"I"），可在当前图形文件中插入图块或别的图形。当插入图形时，是作为一个单个实体。如果改变原始图形，对当前已插入的图形无影响。

在插入对话框中，"名称"列表下显示的是内部图块，"浏览"按钮可以打开选择图形文件对话框选择外部图块。

图 6-22　外部图块定义

单元 7　绘制建筑平面图

【知识目标】

1. 掌握建筑制图标准。
2. 掌握尺寸样式设置方式和尺寸标注方法。
3. 掌握文字样式设置方式。
4. 掌握偏移等其他修改命令的使用方式。

【能力目标】

1. 能用 AutoCAD 绘制建筑平面图。
2. 能用天正建筑绘制建筑平面图。

【素质目标】

培养学生作为工程技术人员应有的严谨、科学的工作态度。

【任务介绍】

分别用 AutoCAD 命令和天正建筑绘制建筑平面图。

【任务分析】

通过绘制建筑平面图识读平面图，根据不同的构件设置不同的图层。

天正建筑是专业绘制建筑图的软件，在其中集成了一些 AutoCAD 的命令形成天正命令，能够提高绘图效率。

任务 1　绘制建筑平面图

子任务 1　识读建筑平面图

识读教学楼的一层平面图（图 7-1）。

1. 该教学楼采用框架结构，总长为 57500mm，总宽为 21200mm。外墙厚 300mm，定位轴线距外墙的外边缘为 250mm。

2. 平面图中共有 10 条横向定位轴线，5 条纵向定位轴线。柱距有 3000mm、9000mm，跨度有 2700mm、6000mm。

3. 教室开间为 9000mm，进深为 6000mm；活动室开间为 9000mm，进深为 12000mm；楼梯间开间为 3000mm，进深为 6000mm。

4. 大厅的地面标高为 ±0.000m，卫生间比大厅地面标高低 20mm。

5. 建筑主要出入口位于建筑物的南向。

6. 室外地面标高为 −0.450m，建筑室内外高差为 450mm。

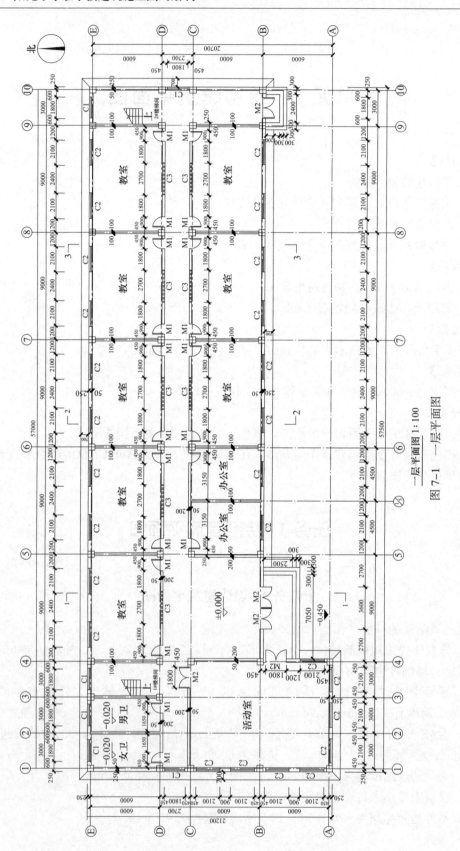

一层平面图 1:100

图 7-1　一层平面图

7. 出入口处台阶共有 3 级踏步，每级踏步踢面高 150mm，踏面宽 300mm。出入口平台深度为 2500mm。

8. 图中散水宽度为 700mm。

9. 从平面图中可看出 C2 窗洞口宽度为 2100mm，M1 门洞口宽度为 900mm。

10. 从平面图中可知该套图纸共有 3 个剖面图，其编号分别为 1-1、2-2、3-3。

【拓展提高】

1. 建筑平面图的形成

用一个假想水平面沿房屋某一层将各处墙、门、窗等切开，移去剖切平面以上部分，向下作正投影所得的水平剖视图（图 7-2）。

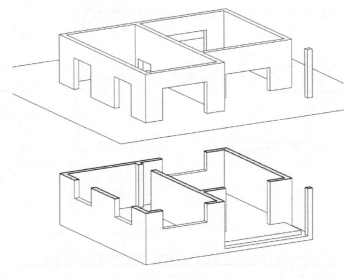

图 7-2　建筑平面图的形成

2. 建筑平面图的内容

（1）图名

底层平面图、二层平面图、标准层平面、顶层平面图、屋顶平面图。

（2）定位轴线

1）定位轴线用细单点长画线绘制。

2）定位轴线应编号，编号写在轴线端部的圆内。圆应用细实线绘制，直径为 8～10mm。定位轴线圆的圆心应在定位轴线的延长线或延长线的折线上。

3）除较复杂需采用分区编号或圆形、折线形外，一般平面上定位轴线的编号，宜标注在图样的下方或左侧。横向编号应用阿拉伯数字，从左至右顺序编写；竖向编号应用大写拉丁字母，从下至上顺序编写（图 7-3）。

4）拉丁字母作为轴线号时，应全部采用大写字母，不应用同一个字母的大小写来区分轴线号。拉丁字母的 I、O、Z 不得用做轴线编号。当字母数量不够使用，可增用双字母或单字母加数字注脚。

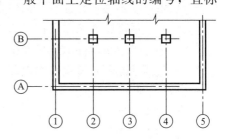

图 7-3　定位轴线编号的排序

5）组合较复杂的平面图中定位轴线也可采用分区编号。编号的注写形式应为"分区号——该分区编号"。"分区号——该分区编号"采用阿拉伯数字或大写拉丁字母表示（图 7-4）。

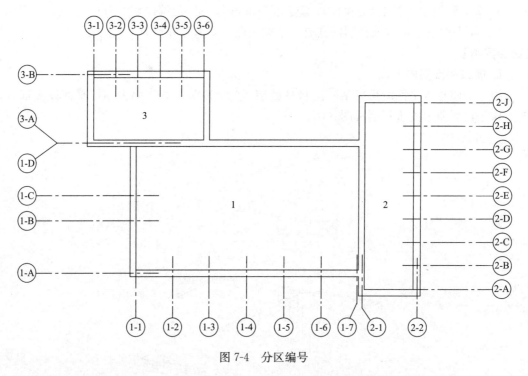

图 7-4　分区编号

6）附加定位轴线的编号，应以分数形式表示，并应符合下列规定：

① 两根轴线的附加轴线，应以分母表示前一轴线的编号，分子表示附加轴线的编号。编号宜用阿拉伯数字顺序编写；

② 1 号轴线或 A 号轴线之前的附加轴线的分母应以 01 或 0A 表示。

（3）朝向

指北针：指北针应绘制在建筑物±0.000 标高的平面图上，并放在明显位置，所指的方向应与总图一致。

（4）平面布置

1）建筑物的形状。

2）房间的布置（户型图纸）。

3）入口、走道、楼梯等平面位置。

4）底层平面：建筑出入口、室外台阶、散水、雨水管。

5）墙柱等承重构件的组成和材料等情况。

6）屋顶平面图：排水组织设计，落水管与底层平面图对应。

（5）门窗

1）门窗编号（门 M，窗 C）。

2）门窗尺寸。

3）门开启方向（建筑疏散）。

（6）剖切符号

剖切位置及与剖面图对应。

（7）索引符号

1）索引到详图。

2）索引到图集。

（8）标高

1）室外地面。

2）室内地面。

子任务 2 绘制建筑平面图

1. 绘制轴线

用直线绘制 1 轴线，从 A 轴到 E 轴长 20700。将 1 轴线依次向右偏移 3000、3000、3000、9000、9000、9000、9000、9000、3000（图 7-5）。

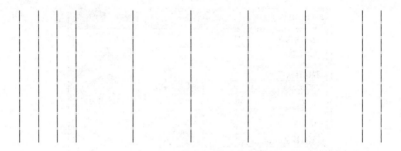

图 7-5 绘制横向定位轴线

连接最下方直线，依次向上偏移 6000、6000、2700、6000（图 7-6）。

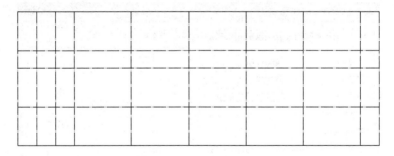

图 7-6 绘制纵向定位轴线

2. 进行尺寸标注

在后面的绘制中应及时将绘制内容进行详尽的尺寸标注。

（1）编辑尺寸样式

键盘输入 "D"（Dimstyle，标注样式），打开 "标注样式管理器对话框，点击" 样式列表下的 "STANDARD"，然后点击 "新建" 按钮（图 7-7）。

将新样式命名为 "长度标注"（图 7-8）。

在 "线" 选项卡中，将超出尺寸线设为 2.5，将起点偏移量设为 3（图 7-9）。

在 "符号和箭头" 选项卡中将第一个和第二个箭头都选择为 "建筑标记"（图 7-10）。

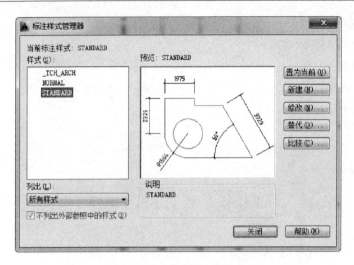

图 7-7　尺寸样式对话框

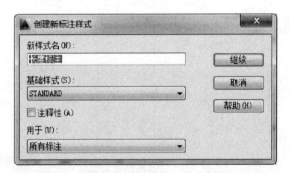

图 7-8　新建标注样式

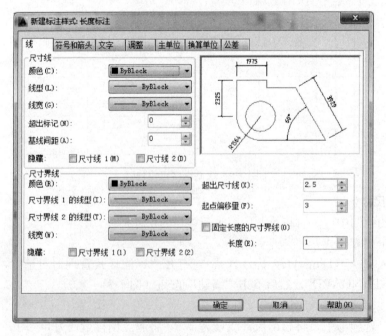

图 7-9　设置"线"选项卡

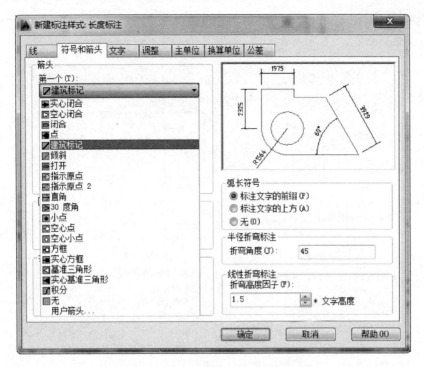

图 7-10   设置"符号和箭头"选项卡

在"文字"选项卡中将文字高度设为 3.5，文字位置中垂直选择"上"，水平选择"居中"，文字对齐选择"与尺寸线对齐"（图 7-11）。

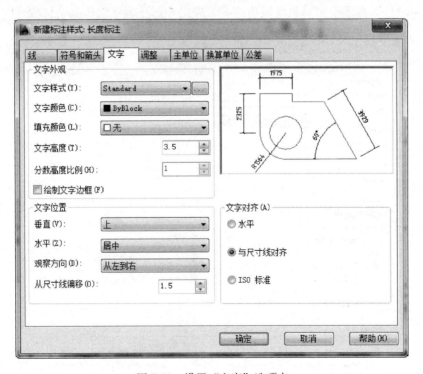

图 7-11   设置"文字"选项卡

在"调整"选项卡中设置"使用全局比例"为 100（本任务中平面图的比例为 1∶100）（图 7-12）。

图 7-12　设置"调整"选项卡

在"主单位"选项卡中将精度设为"0"，即尺寸标注数字精确到个位数（图 7-13）。

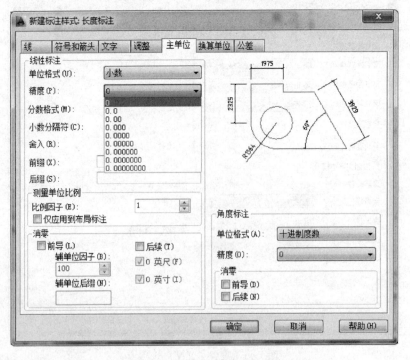

图 7-13　设置"主单位"选项卡

点击确定，将刚新建的"长度标注"标注样式置为当前（图 7-14）。

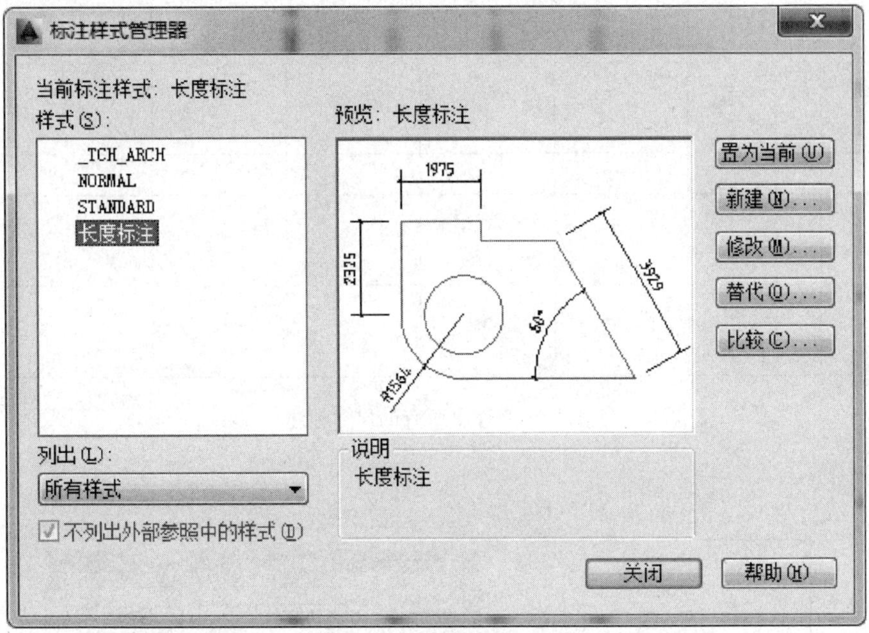

图 7-14　将新建的样式置为当前

（2）进行尺寸标注

新建"尺寸标注"图层，实线，默认线宽。

键盘输入"DLI"（DIMLINEAR，直线标注），点击第一点作为尺寸标注的第一个界线位置，点击第二点作为尺寸标注的第二个界线位置，向界线垂直方向拖拽到合适位置，点击作为尺寸线的位置（图 7-15）。

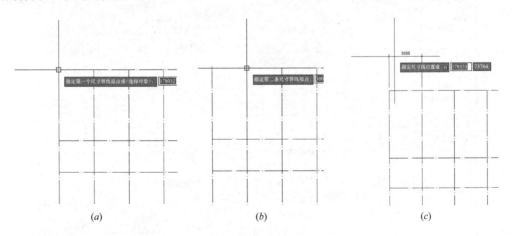

(a)　　　　　　　　　　*(b)*　　　　　　　　　　*(c)*

图 7-15　作尺寸标注

（*a*）点击第一点；（*b*）点击第二点；（*c*）点击尺寸线位置

依次作出其他的尺寸标注（图 7-16）。

添加轴号圆圈，半径为 400（图 7-17）。

输入"ST"，进入文字样式对话框，新建"长仿宋体"文字样式（图 7-18）。

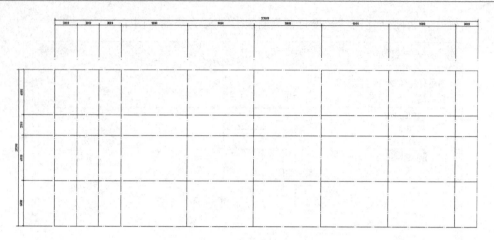

图 7-16　作出所有的尺寸标注

图 7-17　添加轴号圆圈　　　　　　　　图 7-18　新建文字样式

字体选择"仿宋-GB2312"，宽度因子设为"0.7"，并将其置为当前（图 7-19）。

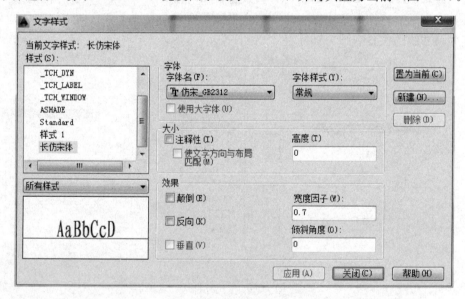

图 7-19　文字样式设置

在圆中添加高度为 500 的轴号数字及字母（图 7-20）。

将轴线延伸至圆上（图 7-21）。

整理其他轴线。

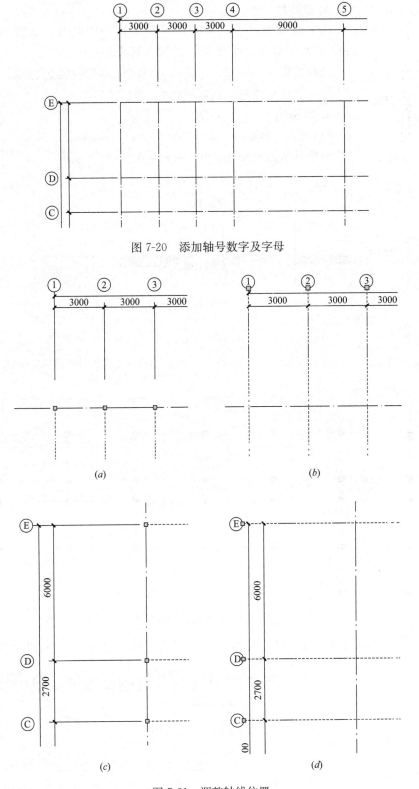

图 7-20 添加轴号数字及字母

图 7-21 调整轴线位置

（a）选择横向定位轴线；（b）延伸至轴号圆上；（c）选择纵向定位轴线；（d）延伸至轴号圆上

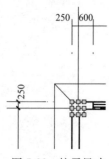

图 7-22　柱子尺寸

3. 绘制柱

由平面图中可以看到，轴线位于柱子中心线，轴线距柱边线为250，故柱子截面尺寸为 500×500（图 7-22）。

绘制边长为 500×500 的矩形，将其中心移动到轴线交点上（图 7-23）。

按照图中位置将柱复制到各点（图 7-24）。

4. 绘制墙

（1）绘制外墙

外墙外表面距轴线 250，内表面距轴线 50（图 7-25）。

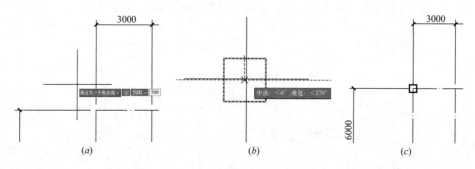

(a) (b) (c)

图 7-23　绘制柱

（a）绘制 500×500 的矩形作为柱子；（b）追踪至柱子中心点作为移动基点；（c）移动至轴线交点

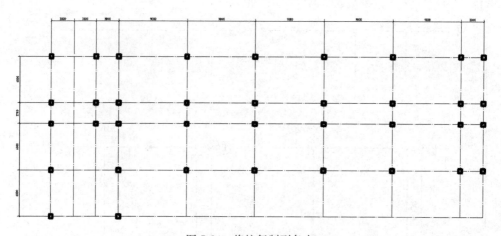

图 7-24　将柱复制到各点

在多线样式中新建"外墙"样式（图 7-26），将图元偏移设为 250、−50（图 7-27）。

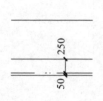

图 7-25　外墙尺寸

图 7-26　新建多线"外墙"样式

146

图 7-27 "外墙"样式中将图元偏移设为 250、−50

在多线命令中将"对正（J）"设置为"无（Z）"，将"比例（S）"设置为 1。

捕捉轴线交点，顺时针绘制外墙（图 7-28、图 7-29），也可将多线样式设为−250、50，则逆时针绘制。

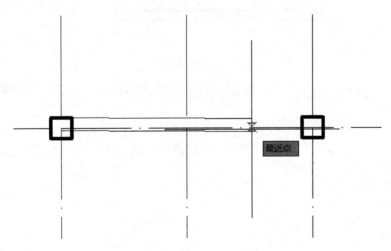

图 7-28 顺时针绘制外墙

将多线分解，剪切柱中的所有外墙线（图 7-30）。

（2）绘制走廊内墙

C 轴和 D 轴的墙是教学楼走廊的墙，靠近走廊一侧的墙体表面和柱对齐，两条墙线均在轴线同一侧，距轴线分别为 250 和 50（图 7-31）。

在多线样式中新建"内墙 1"样式，将图元偏移设为 250、50（图 7-32）。

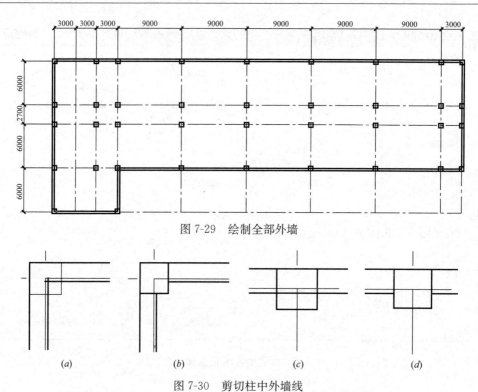

图 7-29　绘制全部外墙

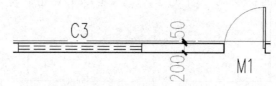

(a)　　　　　　(b)　　　　　　(c)　　　　　　(d)

图 7-30　剪切柱中外墙线

(a) 角点柱子；(b) 剪切墙线；(c) 中间柱子；(d) 剪切墙线

图 7-31　走廊内墙尺寸

图 7-32　新建多线"内墙 1"样式

148

进入多线命令后，命令默认使用上次的设置，即"对正"为"无"，"比例"为 1，绘制走廊墙体，可自行试验从左向右画，或从右向左画的效果，直至绘制成墙表面与柱在走廊一侧对齐（图 7-33）。

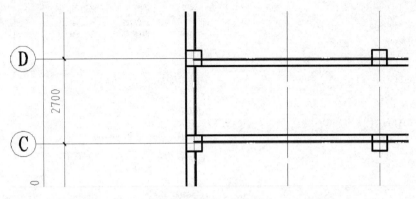

图 7-33　绘制走廊内墙

将多线分解，剪切整理柱中的多线（图 7-34）。

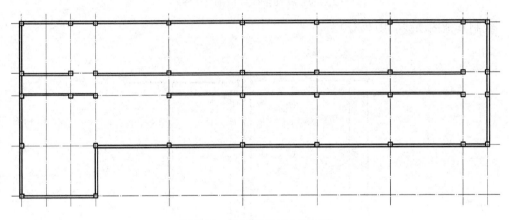

图 7-34　剪切整理柱中的多线

（3）绘制房间分隔内墙

其他的墙均为分割房间的内墙，墙体中心线与轴线重合，墙体表面两条线分别位于轴线两侧，各自距轴线 100（图 7-35）。

图 7-35　房间分隔内墙尺寸

在多线样式中新建"内墙 2"样式，将图元偏移设为 100、－100（图 7-36）。

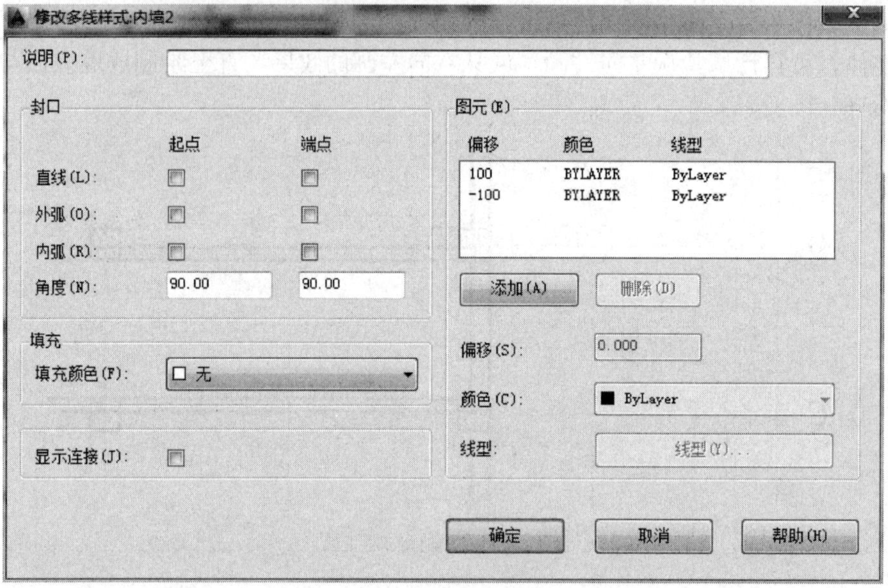

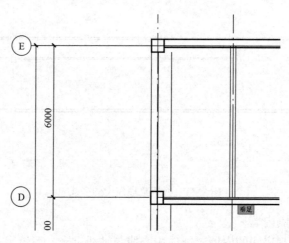

图 7-36　新建多线"内墙 2"样式

绘制其他内墙线（图 7-37）。

图 7-37　绘制其他内墙线

将多线分解，利用剪切、延长等整理墙线（图 7-38）。

整理所有的墙线（图 7-39）。

将 5 轴和上面的 B、C 轴之间的墙向右复制 4500，整理墙线，作为两个办公室之间的隔墙，并添加附加轴线（图 7-40）。

5. 绘制窗

（1）外墙上的窗

在墙上绘制各个窗户的宽度线，剪切出窗洞，然后添加尺寸标注（图 7-41）。

新建多线样式"窗"（图 7-42）。

在多线命令中将"对正（J）"设为"无（Z）"，将"比例（S）"设为 300，绘制外墙上的窗，并添加编号"C1"。绘制时点击墙端线的中点作为参考点（图 7-43）。

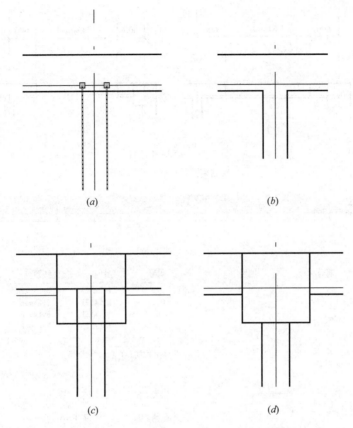

图 7-38 整理墙线
（*a*）墙体相交；（*b*）剪切墙线；（*c*）墙与柱相交（*d*）剪切墙线

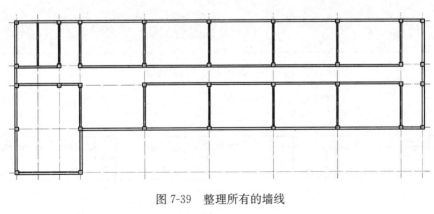

图 7-39 整理所有的墙线

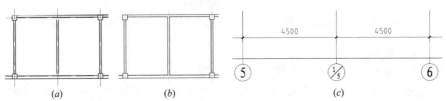

图 7-40 添加隔墙和附加轴线
（*a*）复制出隔墙；（*b*）整理墙线；（*c*）添加附加轴线

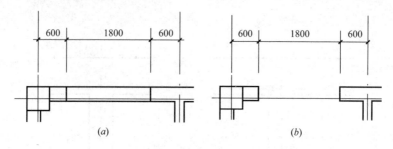

图 7-41　绘制外墙窗

（*a*）绘制窗洞线；（*b*）剪切窗洞

图 7-42　新建多线"窗"样式

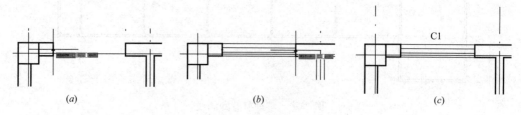

图 7-43　绘制窗

（*a*）窗洞线中点作为多线起点；（*b*）另一个窗洞线中点作为多线第二点；（*c*）绘制完毕

（2）内墙上的高窗

绘制出窗洞宽度的线，在一条线上将其三等分。

输入"DIV"（Divide，等分），选中直线，输入"3"，即能将直线三等分（图 7-44）。

此时等分点显示不明显。键盘输入"DDP"（Ddptype，点样式），进入点样式对话框中，选择一个点样式，在等分的直线中即可显示等分点（图 7-45）。

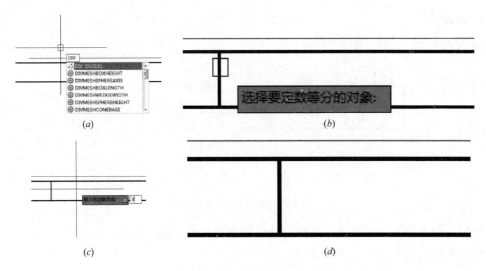

图 7-44　将窗洞线等三等分

（a）进入等分命令；（b）选择窗洞线进行等分；（c）分成 3 段；（d）等分完毕

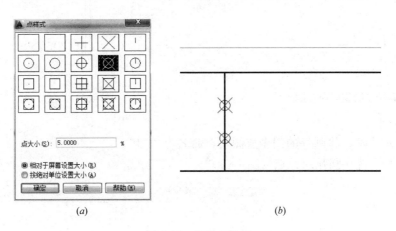

图 7-45　设置点样式

（a）点样式对话框；（b）设置完毕

从等分点绘制两条直线，将其设置为虚线（图 7-46）。

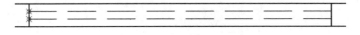

图 7-46　绘制虚线

删除等分点，添加窗编号（图 7-47）。

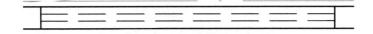

图 7-47　高窗绘制完毕

6. 绘制门

剪切出各处的门洞（图7-48）。

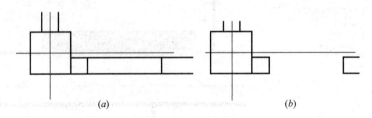

图7-48　绘制门洞

(a) 绘制门洞线；(b) 剪切门洞

绘制一个半径为900的圆，从圆心画出两条垂直的直线（图7-49）。

将竖直线向右平移50，进行剪切（图7-50）。

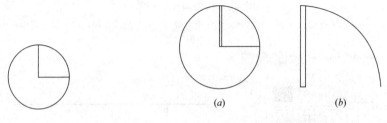

图7-49　绘制门所在圆

图7-50　修改为门

(a) 添加门扇线；(b) 修剪弧线

键盘输入"B"，将画好的门做成图块，命名为"门"。

将图块基点选在圆弧的原点（图7-51）。

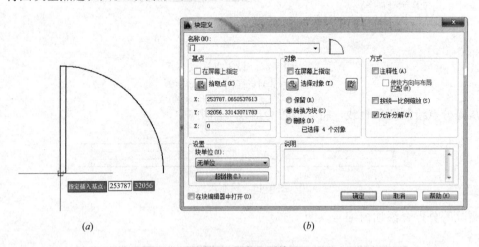

图7-51　定义图块

(a) 图块基点位置；(b) 块定义对话框

键盘输入"I"，将门图块插入到门洞口中，将图块基点放至门洞墙体中点（图7-52）。

插入后的门图块可以进行复制、旋转、镜像等操作，完成所有门图块的放置（图7-53）。

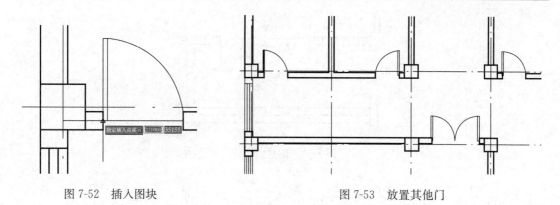

图 7-52　插入图块

图 7-53　放置其他门

7. 绘制门口台阶

（1）绘制主要出入口台阶

键盘输入"PL"，进入构造线命令，将十字光标停留在从 4 轴和 B 轴交点处柱子的右下角，出捕捉到该点后向下进行对象捕捉追踪，输入 2500，作为构造线的第一点（图 7-54）。

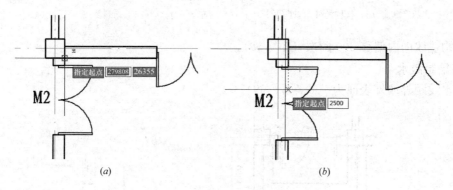

图 7-54　捕捉平台宽度点

（a）光标放至柱角点；（b）向下追踪 2500

从第一点向右 7050，再向上 2500（图 7-55）。

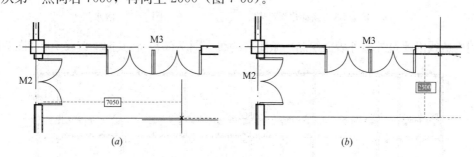

图 7-55　绘制台阶上表面平台

（a）向右画 7050；（b）向上画 2500

将构造线向外偏移 300 两次，作为台阶线（图 7-56）。

（2）绘制次要出入口的台阶

用构造线绘制台阶外轮廓，尺寸分别为 1800、3600、1800（图 7-57）。

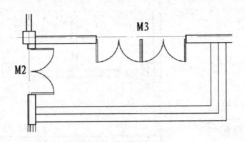

图 7-56　偏移台阶线

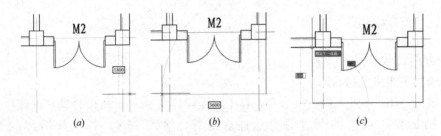

图 7-57　绘制台阶下表面平台

(*a*) 从柱的外角点向下 1800；(*b*) 向左 3600；(*c*) 向上画到墙边

将构造线向内偏移 300 两次（图 7-58）。

8. 绘制散水

散水线距外墙外表面为 700（图 7-59）。

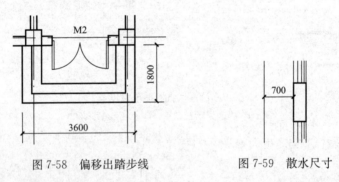

图 7-58　偏移出踏步线　　　　图 7-59　散水尺寸

用构造线沿建筑外墙外表面绘制一条闭合的线（图 7-60），将其向外偏移 700（图 7-61）。

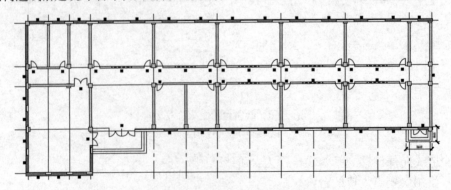

图 7-60　沿建筑外墙外表面绘制构造线

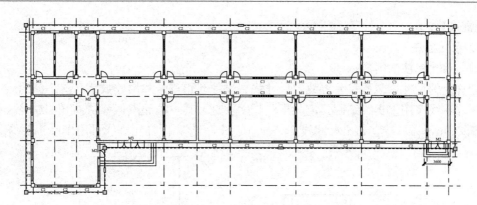

图 7-61　向外偏移出散水

将台阶处的线剪切掉，并将外墙线上的构造线删除（图 7-62）。

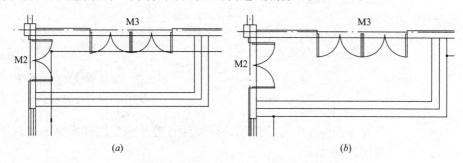

图 7-62　修剪台阶线
（a）台阶线中的散水线；（b）修剪散水线

9. 添加标高

三角形垂直高度 300，斜线角度 45°（图 7-63）。

10. 绘制剖切符号

在剖切位置用粗实线绘制剖切符号，剖切位置线长 1000，投影方向线长 600（图 7-64）。

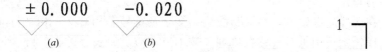

图 7-63　绘制标高　　　　　　　　图 7-64　剖切符号长度为 1000、600

剖切符号为一对上下对称的符号，分别绘制在建筑的外部两侧（图 7-65）。

11. 添加图名和文字

图名高 1000，下面画粗实线。比例数字高 700（图 7-66）。

房间名称文字高 500（图 7-67）。

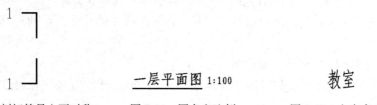

图 7-65　剖切符号上下对称　　　图 7-66　图名和比例　　　图 7-67　文字高 500

【拓展提高】

1. 尺寸标注

（1）尺寸标注的组成

图样上的尺寸，包括尺寸界线、尺寸线、尺寸起止符号和尺寸数字（图 7-68）。

尺寸界线应用细实线绘制，应与标注长度垂直，其一端起点偏移量离开图样轮廓线不应小于 2mm，另一端宜超出尺寸线 2～3mm（图 7-69）。图样轮廓线可用作尺寸界线。

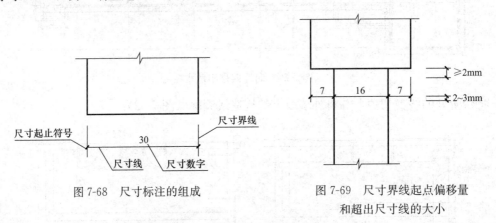

图 7-68 尺寸标注的组成　　　　图 7-69 尺寸界线起点偏移量
和超出尺寸线的大小

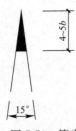

图 7-70 箭头
符号大小

尺寸线应用细实线绘制，与被注长度平行，图样本身的任何图线均不得用作尺寸线。

尺寸起止符号一般用中粗短斜线绘制，其倾斜方向应与尺寸界线成顺时针 45°角，长度宜为 2～3mm。轴测图中用小圆点表示尺寸起止符号，小圆点直径 1mm 半径、直径、角度与弧长的尺寸起止符号，宜用箭头表示，箭头宽度 b 不宜小于 1mm（图 7-70）。

尺寸数字的单位，除标高及总平面图以米为单位外，其他必须以毫米为单位。

（2）尺寸的排列与布置

尺寸标注宜标注在图样轮廓以外，不宜与图线、文字及符号等相交。互相平行的尺寸线，应从被注写的图样轮廓线由近及远整齐排列，较小尺寸应离轮廓线较近，较大尺寸应离轮廓线较远。图样轮廓线以外的尺寸界线，距图样最外轮廓之间的距离，不宜小于 10mm，平行排列的尺寸线的间距，宜为 7～10mm，并应保持一致。总尺寸线的尺寸界线应靠近所指部位，中间的分尺寸的尺寸界线可稍短，但其长度应相等（图 7-71）。

（3）半径、直径、球的尺寸标注

半径的尺寸线应一段从圆心开始，另一端画箭头指向圆弧。半径数字前应加半径符号"R"。小圆弧的半径数字可引出标注，较大圆弧的尺寸线画成折线（图 7-72）。

标注圆的直径时，数字前应加符号"φ"，在圆内标注的尺寸线应通过圆心，两端画箭头指至圆弧（图 7-73）。

小圆直径可标注在圆外（图 7-74）。

标注球的半径应在尺寸数字前加注符号"SR"，标注球的直径应在尺寸数字前加注符号"Sφ"。

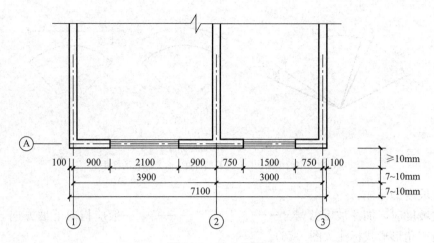

图 7-71　尺寸的排列

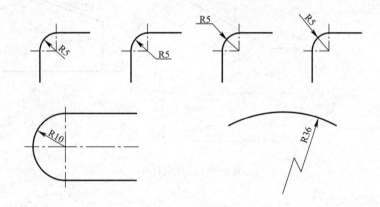

图 7-72　圆弧的标注

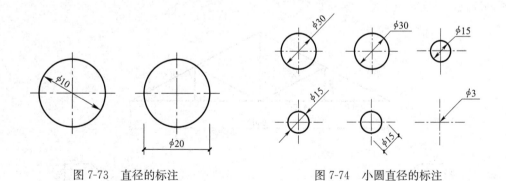

图 7-73　直径的标注　　　　图 7-74　小圆直径的标注

（4）角度、弧度、弧长的标注

角度的尺寸线应以圆弧表示，该圆弧的圆心是角的顶点，尺寸界线是角的两个边，数字水平书写。如图 7-75（a）所示。

弧长的尺寸线为与该圆同心的圆弧，尺寸界线垂直于该圆的弦，数字的上方应加注符号"⌒"。如图 7-75（b）所示。

弦长的尺寸线应以平行于该弦的直线表示，尺寸界线应垂直于该弦。如图 7-75（c）所示。

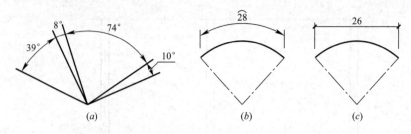

图 7-75　角度的标注

（a）角度的标注；（c）弧长的标注；（c）弦长的标注

（5）坡度的标注

标注坡度时，加注坡度符号"←——"或"←——"，一般应指向下坡方向。坡度也可用直角三角形形式标注（图 7-76）。

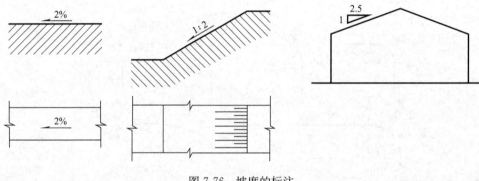

图 7-76　坡度的标注

（6）尺寸的简化标注

杆件或管线的长度，在单线图上，可直接将尺寸数字沿杆件或管线的一侧注写（图 7-77）。

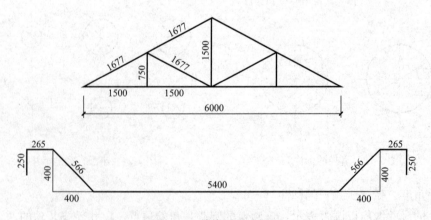

图 7-77　单线图尺寸标注

连续排列的等长尺寸，可用"等长尺寸×个数＝总长"的形式标注（图 7-78）。

对称图形采用对称省略画法时，该对称构配件的尺寸线应略超过对称符号，在尺寸线的一端画尺寸起止符号，尺寸数字应按整体全尺寸注写（图 7-79）。

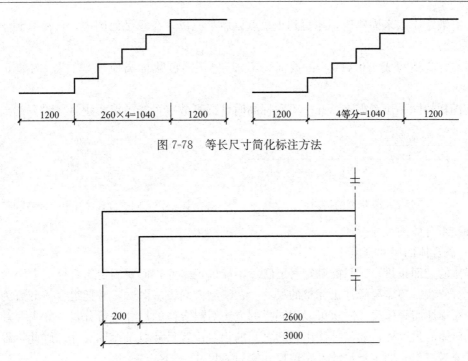

图 7-78 等长尺寸简化标注方法

图 7-79 对称构件尺寸标注方法

相似的构配件，如个别尺寸不同，可在同一图样中将其中一个构配件的不同尺寸数字写在括号内（图 7-80）。

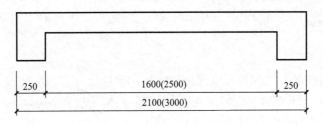

图 7-80 相似构件尺寸标注方法

（7）标高

注写标高时，应采用标高符号，其形式除总平面室外地坪标高采用涂黑三角［图 7-81（a）］表示外，其他图面上均采用直角等腰三角形［图 7-81（b）］表示，用细实线绘制，如标注位置不够，也可按照如图 7-81（c）所示形式绘制。

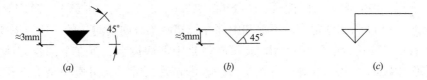

图 7-81 相似构件尺寸标注方法标高符号

（a）总平面图室外地坪标高符号；（b）标高符号；（c）标注位置不够时的标高符号

标高符号的尖端应指至被注高度的位置，尖端宜向下，也可向上，标高数字应注写在标高符号的上侧或下侧（图 7-82）。

标高数字应以米为单位，注写到小数点以后第三位。在总平面图中，可注写到小数点以后第二位。

零点标高注写成±0.000，正数标高不加"＋"，负数标高应注"－"，例如 3.000，－0.600。

在图样的同一位置需表示几个不同标高时，标高数字可按图形式注写（图 7-83）。

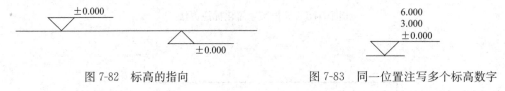

图 7-82　标高的指向　　　　　　　图 7-83　同一位置注写多个标高数字

（8）组合体的尺寸标注

1）组合体的尺寸分类

形体的三面正投影，只能确定其形状，不能确定尺寸，而要确定组合体的大小及各部分的相对位置，还需要标注出完整的尺寸。在绘制三面投影图时，常把组合体分解为基本形体，在标注组合体尺寸时也可以用同样的方法对组合体的尺寸进行分析，除了要标注各基本几何体的尺寸外，还需标注出它们之间的相对位置尺寸以及总体尺寸。因此，组合体的尺寸分为三类，即定形尺寸、定位尺寸和总体尺寸。

① 定形尺寸

定形尺寸为组合体中各个基本体的尺寸。

如图 7-84 所示，该组合体由上下两部分长方体组成，上部分长方体由 25（长）、20（宽）、30（高）定形，下部分长方体由 50、40、10 定形。下部分中切割掉的圆柱体由 R5 定形。

② 定位尺寸

表示物体各组成部分之间相互位置的尺寸叫作定位尺寸。

如图 7-84 所示，下部分长方体中切割掉的圆柱体距边缘分别为 8、9，就是该圆柱孔分别在长度和宽度方向的定位尺寸。

③ 总体尺寸

表示整个物体外围的尺寸为总体尺寸。图 7-84 中所示，50、40 既是下部分长方体的定形尺寸，同时也是整个物体的总长和总宽。物体总高度为上下两部分定形尺寸 10 和 30 之和，为 40。

图 7-85 是独立基础的三面投影图，由三个基本形体组成。上部分为长方体，由 600、600、300 定形，中间部分为四棱台，由 1300、1300、600、600 和 550 定形，下部为长方体，由 1500、1500 和 200 定形。下部和中部在长宽两个方向是对称的，所以图中 1500 和 1300 既可看作是四棱台的定形尺寸，又可看作是中部四棱台放置在下部长方体上的定位尺寸，同理图中 1300 和 600 既可看作四棱台的定形尺寸，又可看作是上部长方体放置在中部四棱台上的定位尺寸。550 即可看作是四棱台的定形尺寸，又可看作是上部长方体放置在中部四棱台上在的定位尺寸。

2）尺寸标注需要注意的问题

① 所标注的尺寸必须能够完整、准确、唯一地表示物体的形状和大小，不能有缺失。

如图 7-86 所示，基本形体 1 的宽度为 90，高度为 100，长度未标注，尺寸标注不全面。形体 2 的长度未标注，尺寸标注不全面，而宽度在已经标注 3 个 30 的定形尺寸基础上又标注了一个总体尺寸 90，可减去一个尺寸标注。

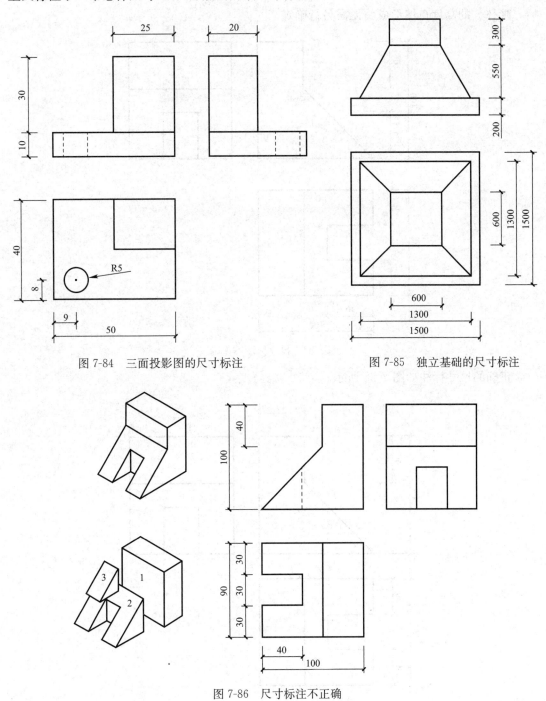

图 7-84　三面投影图的尺寸标注　　　　　图 7-85　独立基础的尺寸标注

图 7-86　尺寸标注不正确

② 标注切割体的尺寸不能只标注切割后产生的定形尺寸，应该标注在切割位置的定位尺寸。

　　如图 7-87 所示，被切割掉的形体 3 的高度 34 为定形尺寸，该切割部分竖直面的定位尺寸应为形体 3 的长度 40，故应只标注形体 3 的长度 40，而不标注形体 3 的高度 34。形体 2 的长度和宽度为 70 和 60，即形体 2 的斜坡面能够唯一确定，则在确定形体 3 长度 40 后，形体 3 的高度自然形成，无需另行确定。

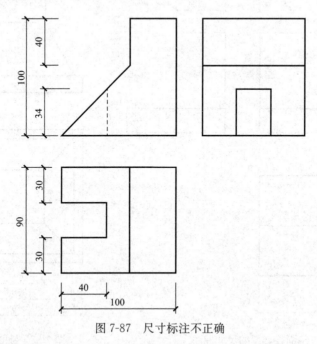

图 7-87　尺寸标注不正确

　　正确的尺寸标注如图 7-88 所示。

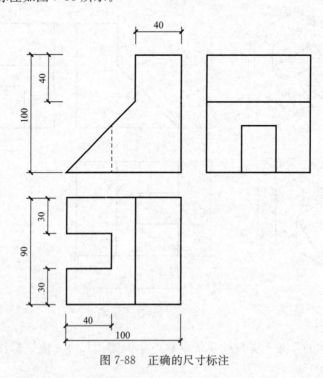

图 7-88　正确的尺寸标注

③ 避免尺寸线之间相交，相互平行的尺寸按照小尺寸在内，大尺寸在外的原则排列整齐，标注圆的定位尺寸时，尺寸界线要与圆心对齐。

2. 字体

图纸上常用的文字有汉字、阿拉伯数字、拉丁字母和特殊符号，有时也用罗马数字和希腊字母。

图纸上书写的文字、数字或符号等，均应笔画清晰、字体端正、排列整齐；标点符号应清楚正确。图样及说明中的汉字宜优先采用 True type 字体中的宋体字型，采用矢量字体时应为长仿宋体字型。长仿宋体字示例如图 7-89 所示。

笔画清晰字体端正排列整齐
平面图门窗墙柱阿拉伯数字

图 7-89　长仿宋体字示例

同一图纸字体种类不应超过两种。长仿宋体的宽度与高度的关系应符合表 7-1 的规定。

长仿宋字的高度与宽度　　　　　　　　　　　　　　表 7-1

字高	20	14	10	7	5	3.5
字宽	14	10	7	5	3.5	2.5

拉丁字母、阿拉伯数字与罗马数字的字高，不应小于 2.5mm。

3. 等分

等分分为两种，定数等分和定距等分，以下面一条长 1000 的直线为例进行说明。

（1）定数等分

将直线等分为 6 份。

键盘输入"DIV"（Divide，定数等分），选择直线，设置线段数目为 6（图 7-90）。

图 7-90　定数等分

（2）定距等分

键盘输入"ME"（Measure，定距等分），选择直线，设置线段长度为 190（图 7-91）。

图 7-91　定距等分

可以看到定距等分可能会产生最后一段不等距的长度。

4. 图例

平面图常用图例　　　　　　　　　　　　　　表 7-2

序号	名称	图例	备注
1	墙体	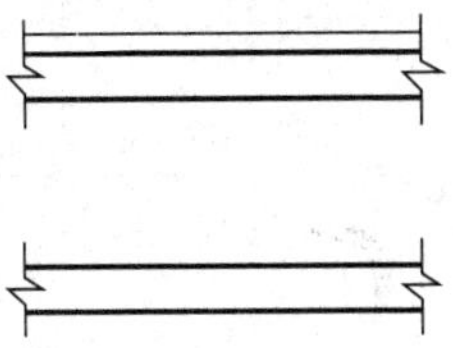	1. 上图为外墙，下图为内墙； 2. 外墙细线表示有保温层或有幕墙； 3. 应加注文字或涂色或图案填充表示各种材料的墙体； 4. 在各层平面中防火墙宜着重以特殊图案填充表示

续表

序号	名称	图例	备注
2	隔断		1. 加注文字或涂色或图案填充表示各种材料的轻质隔断； 2. 适用于到顶与不到顶隔断
3	玻璃幕墙	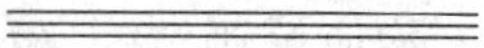	幕墙龙骨是否表示由项目设计决定
4	楼梯	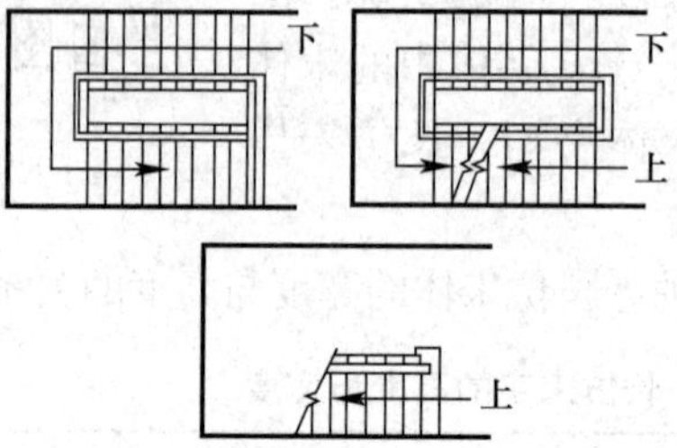	1. 上图为顶层楼梯平面，中图为中间图层楼梯平面，下图为底层楼梯平面； 2. 需设置靠墙扶手或中间扶手时，应在图中表示
5	坡道	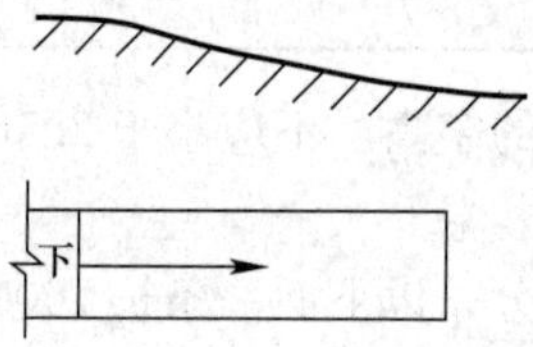	长坡道
		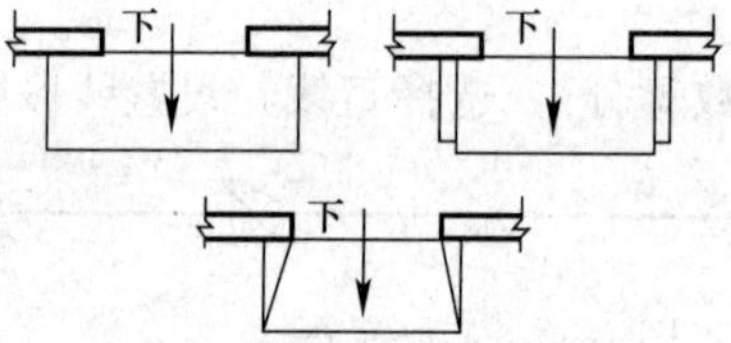	上图为两侧垂直的门口坡道，中图为有挡墙的门口坡道，下图为两侧找坡的门口坡道
6	台阶	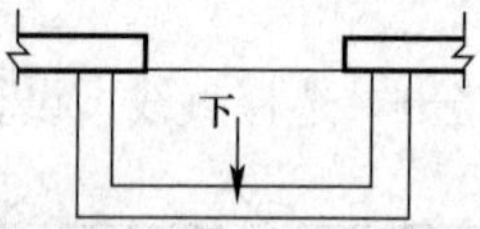	
7	平面高差	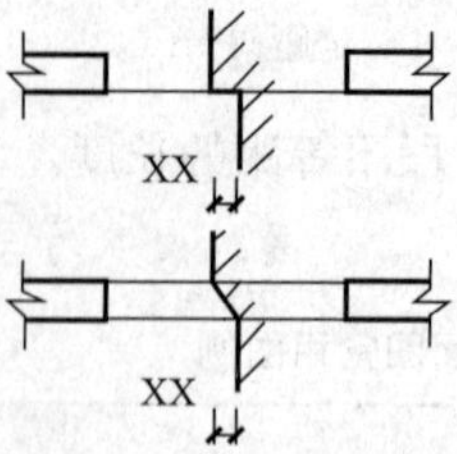	用于高差小的地面或楼面交接处，并应与门的开启方向协调
8	检查口	 	左图为可见检查口，右图为不可见检查口
9	孔洞	 	阴影部分亦可填充灰度或涂色代替

序号	名称	图例	备注
10	坑槽		
11	墙预留洞、槽	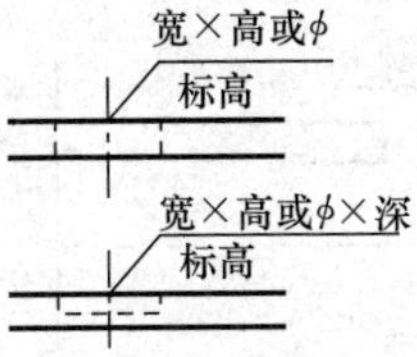 宽×高或φ 标高 宽×高或φ×深 标高	1. 上图为预留洞, 下图为预留槽; 2. 平面以洞 (槽) 中心定位; 3. 标高以洞 (槽) 底或中心定位; 4. 宜以涂色区别墙体和预留洞 (槽)
12	地沟	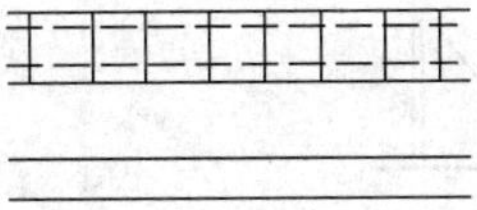	上图为有盖板地沟, 下图为无盖板明沟
13	烟道	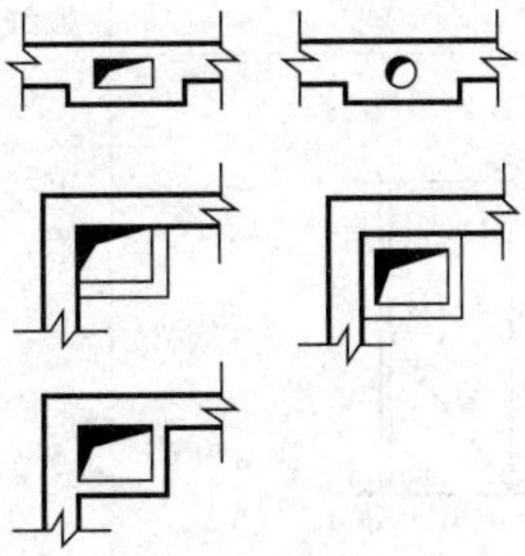	1. 阴影部分亦可填充灰色或涂色代替; 2. 烟道、风道与墙体为相同材料, 其相接处墙身线应连通
14	风道	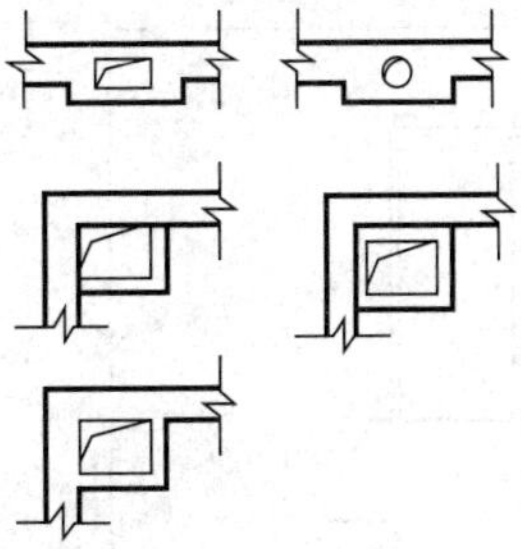	烟道、风道根据需要增加不同材料的内衬
15	新建的墙和窗	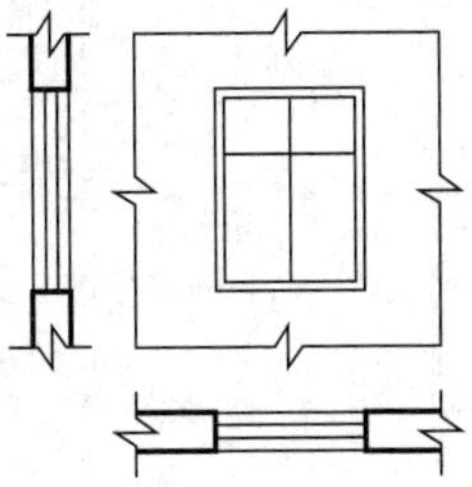	

167

续表

序号	名称	图例	备注
16	单面开启单扇门（包括平开或单面弹簧）	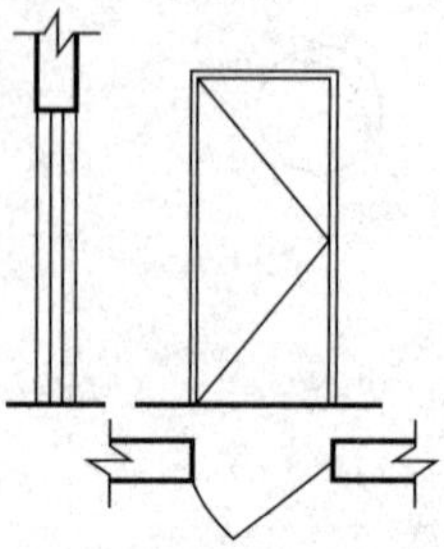	
17	双面开启单扇门（包括平开或单面弹簧）	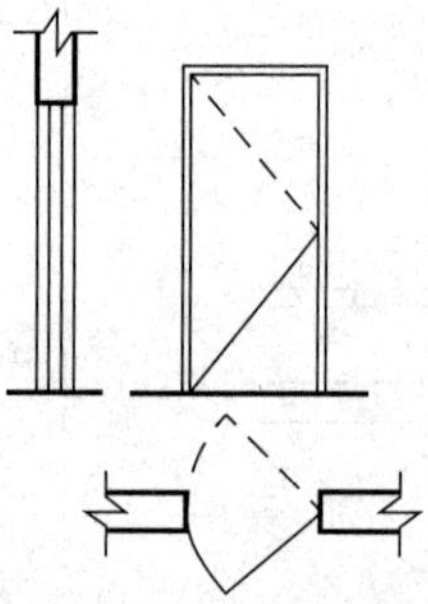	1. 门的名称代号用 M 表示； 2. 门开启线为 90°、60° 或 45°，开启弧线宜绘出； 3. 立面图中，开启线实线为外开，虚线为内开。开启线交角的一侧为安装合页一侧。开启线在建筑立面图中可不表示，在立面大样图中可根据需要绘出
18	单面开启双扇门（包括平开或单面弹簧）	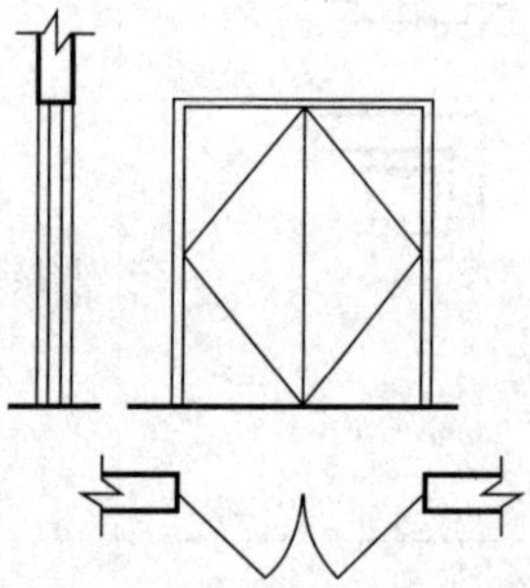	
19	双面开启双扇门（包括平开或单面弹簧）	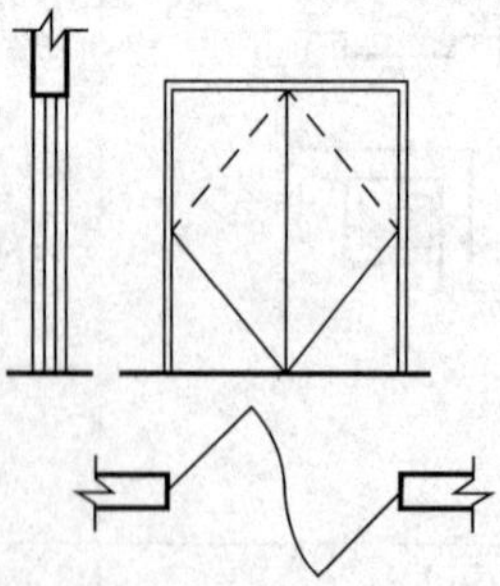	
20	墙洞外单扇推拉门	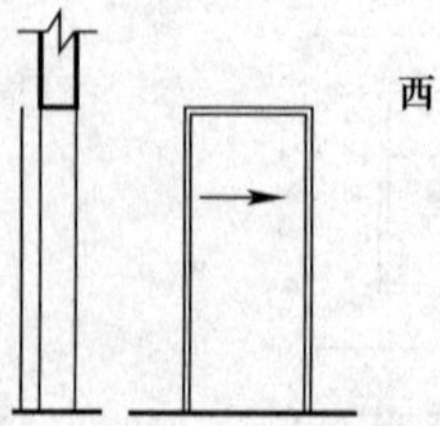 西	1. 门的名称代号用 M 表示； 2. 平面图中，下为外，上为内； 3. 剖面图中，左为外，右为内； 4. 立面形式应按实际情况绘制

任务 2　用天正绘制建筑平面图

1. 天正建筑简介

天正建筑是利用 AutoCAD 图形平台及其操作概念开发的建筑软件，定义了数十种专门针对建筑设计的图形对象。其中部分对象代表建筑构件，如墙体、柱子和门窗，这些对象在程序实现的时候，就在其中预设了许多智能特征，例如门窗碰到墙，墙就自动开洞并装入门窗。另有部分对象代表图纸标注，包括文字、符号和尺寸标注，预设了图纸的比例和制图标准，在建筑绘图中提高了效率。

2. 用天正建筑绘制一层平面图

（1）天正建筑中在 AutoCAD 命令的基础上，添加了一列菜单（图 7-92）。

（2）在菜单"设置/天正选项"中设置当前比例为"100"，当前层高为"3600"（图 7-93）。

（3）在菜单"设置/图层管理"中将当前标准选择为"GBT 18112—2000"（图 7-94）。

天正建筑将自动生成与绘制构件相关的图层（图 7-95）。

（4）点击菜单"轴网柱子/绘制轴网"

在"绘制轴网"选项卡中，将"下开"列表输入为 3000、3000、3000、9000、9000、9000、9000、9000、3000。将"左进"列表输入为 6000、6000、2700、6000（图 7-96）。

图 7-92　天正建筑菜单

图 7-93　天正选项对话框

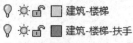

图 7-94　图层管理对话框　　　　　　图 7-95　生成图层

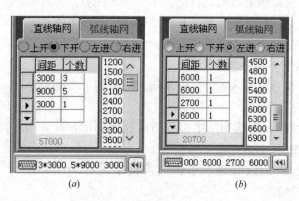

图 7-96　设置柱网尺寸

(*a*) 开间尺寸；(*b*) 进深尺寸

在屏幕上点击作为轴网起始点（图 7-97）。

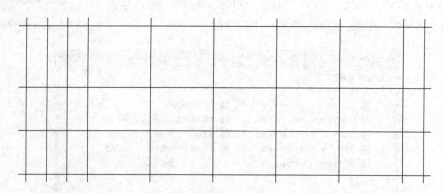

图 7-97　放置柱网

将"DOTE"线型改为"DOTE"线型（图 7-98）。

在"轴网标注"选项卡中选择"双侧标注"。输入起始符号为"1"，用光标从左向右点击第一条和最后一条轴线。输入起始符号为"A"，用光标从下向上点击第一条和最后一条轴线（图 7-99）。

（5）绘制柱

点击菜单"轴网柱子/标准柱"。

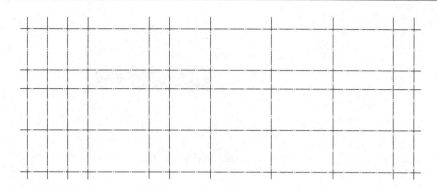

图 7-98 修改柱网线型

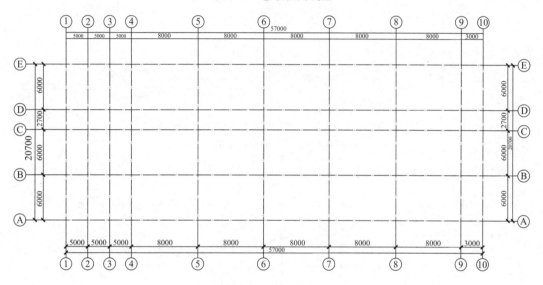

图 7-99 轴网标注

1）将横向和纵向尺寸均设为 500。柱高为 3600（图 7-100）。

2）布置柱子

天正建筑提供了三种常用的柱子布置方式

① 点选插入柱子◆

将十字光标放在轴线交点可将柱子布置在该点（图 7-101）。

图 7-100 柱子尺寸

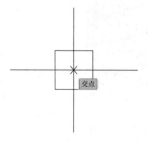

图 7-101 点选插入柱子

② 沿着一根轴线布置柱子👯

选择一根轴线，则轴线上所有的交点将布满柱子（图 7-102）。

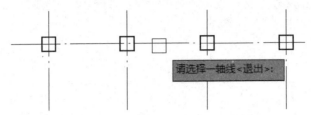

图 7-102   沿着一根轴线布置柱子

③ 在指定矩形区域内的交点插入柱子 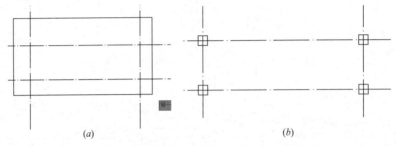（图 7-103）。

(a)   (b)

图 7-103   在指定矩形区域内的交点插入柱子

(a) 框选交点；(b) 框选之后即插入柱子

按照图中的位置用适当的方式布置柱子（图 7-104）。

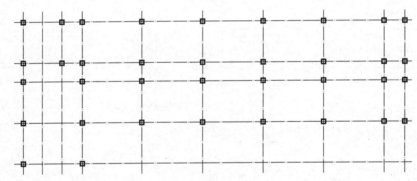

图 7-104   插入全部柱子

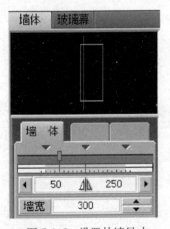

图 7-105   设置外墙尺寸

（6）绘制墙

点击菜单"墙体/绘制墙体"。

1）外墙

设置墙宽 300，左宽 50，右宽 250；墙高 3600（图 7-105）。

在图中逆时针依次点击轴线交点，绘制外墙。墙体遇到柱子时将自动打断(图 7-106)。

2）走廊内墙

设置墙宽 200，左宽－50，右宽 250（图 7-107）。

绘制走廊墙体，使墙体表面与柱子在走廊一侧对齐（图 7-108）。

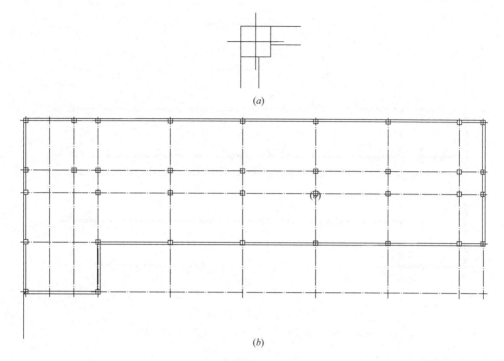

图 7-106　绘制外墙

（a）绘制墙体时在柱子处自动打断；（b）外墙绘制完毕

3）其他内墙

设置墙宽 200，左宽 100，右宽 100（图 7-109）。

（7）添加附加轴号

5 轴后面有一根附加轴线。点击菜单"轴网柱子/添补轴号"，用光标选择 5 轴轴号数字"5"，向右输入"4500"。

提示"新增轴号是否双侧标注"时，选择"否"（图 7-110）。

提示"是否重排轴号"时选择"否"（图 7-111）。

在添加的轴号"6"上双击，输入"1/5"（图 7-112）。

将 5 轴及其在 B、C 之间的墙体向右复制到 1/5 轴位置（图 7-113）。

双击下面标注"9000"的尺寸标注线，捕捉 1/5 轴线与尺寸线交点，则将尺寸标注分为两个"4500"（图 7-114）。

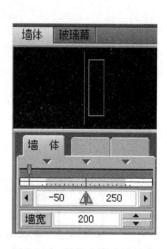

图 7-107　设置走廊内墙尺寸

（8）绘制窗

1）点击菜单"门窗/插窗"，输入编号"C1"，默认的窗尺寸和图纸符合，即宽 1800，无需修改（图 7-115）。

点击"依据点取位置两侧的轴线进行等分插入"按钮 ▦，点击 1、2 轴之间的 E 轴墙段，输入插入数量"1"，则在 1、2 轴之间正中央插入一个窗户（图 7-116）。

2）在菜单"门窗/插窗"中输入编号"C2"，将窗宽设为 2100（图 7-117）。

点击 4、5 轴之间的 E 轴墙段，输入插入数量"2"，则在 4、5 轴之间中央等分插入 2 个窗户（图 7-118）。

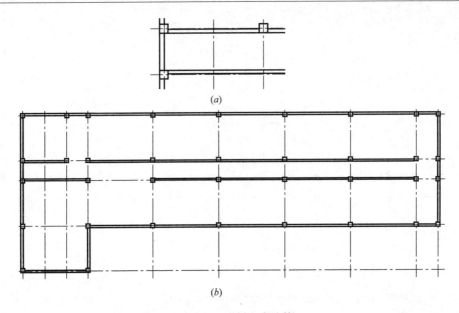

图 7-108 绘制走廊墙体

（a）墙体表面与柱子在走廊一侧对齐；（b）走廊墙体全部绘制完毕

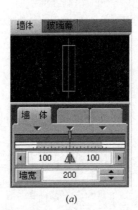

(a)

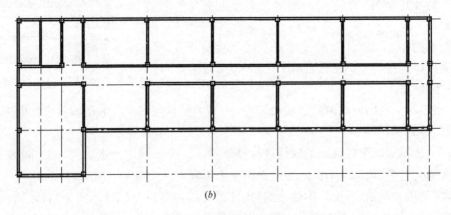

(b)

图 7-109 绘制其他内墙

（a）设置其他内墙尺寸；（b）全部绘制完毕

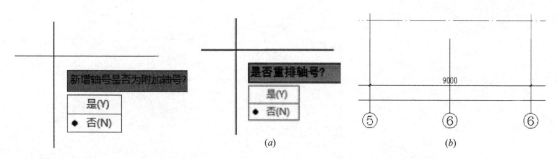

图 7-110　添加附加轴号设置

图 7-111　不重排编号
（a）重排编号设置；（b）设置完毕

图 7-112　修改编号
（a）编辑文字；（b）编辑完毕

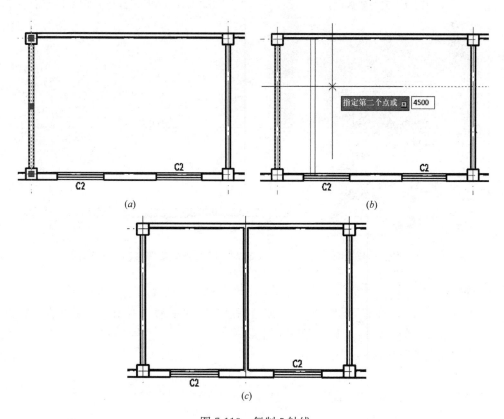

图 7-113　复制 5 轴线
（a）选择 5 轴线及墙体；（b）向右复制 4500；（c）复制完毕

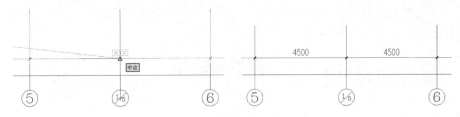

图 7-114　修改尺寸标注

图 7-115　C1 窗的参数设置

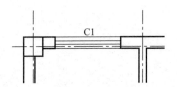

图 7-116　按照轴线等分插入 1 个窗户

图 7-117　C2 窗的参数设置

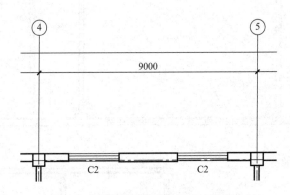

图 7-118　按照轴线等分插入 2 个窗户

3）键盘输入 "TOpening"，打开门窗对话框，点击按钮 ▦，切换到 "窗"。

输入编号 "C3"，将窗宽设为 2700，窗台高设为 1500，将 "高窗" 勾上，在走廊的每段墙上用轴线等分的方式插入 1 个窗户（图 7-119）。

以此类推插入所有窗户。

（9）插入门

点击菜单 "门窗/插门"，输入编号 "M1"，门宽 900（图 7-120）。

卫生间的门 M1 宽 900，门边与 1 轴距离 450（图 7-121）。

点击轴线定距插入按钮 ▦，在提示下输入 "L"，将门与轴线的间距设为 450。

图 7-119　C3 窗设为高窗

图 7-120　M1 门参数设置

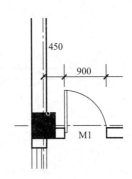

图 7-121　门边与轴线间距为 450

　　将十字光标放在女卫 D 轴的靠近 1 轴一侧的墙上，在提示下可按"SHIFT"键或"CTRL"控制门的开启方向（图 7-122）。

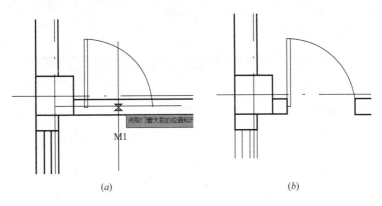

(a)　　　　　　　　　　　　　　　(b)

图 7-122　放置门的位置
(a) 靠近轴线放置门；(b) 放置完毕

　　插入门或窗会使墙自动产生洞口。

　　用复制、镜像等命令作出其他门。

　　(10) 绘制台阶

　　1) 点击菜单"楼梯其他/台阶"，点击矩形阴角台阶按钮，将平台宽度设为 2500（图 7-123），其余数据不变。

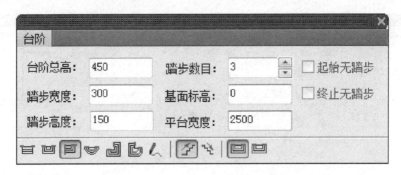

图 7-123　设置主要出入口台阶参数

点击 4、B 轴交点处柱子的右下角，作为台阶第一点，再向右输入 7050（图 7-124）。

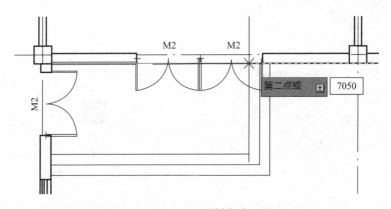

图 7-124　绘制台阶

2）再次进入到台阶对话框，点击矩形三面台阶按钮  ，将平台宽度设为 1200（图 7-125），其他数据不变。

图 7-125　设置次要出入口参数

点击 9、B 轴交点处柱子的右下角，作为台阶第一点，再向右输入 2400（图 7-126）。

（11）绘制散水

点击菜单"楼梯其他/散水"，设置散水宽度为 700，框选所有的墙体，回车即可查找所有的外墙，绘制散水（图 7-127）。

（12）绘制尺寸标注

点击菜单"尺寸标注/逐点标注"。

分别点击尺寸界线的两点，再点击第三点作为尺寸线位置（图 7-128）。

此逐点标注默认为连续标注，以上一个尺寸标注的最后一点为下一个尺寸标注的第一点，点击下一个尺寸标注的最后一点即可，以此类推（图 7-129）。

（13）绘制标高

点击菜单"符号标注/标高标注"。

勾选"手工输入"，在楼层标高处输入 0。在门厅处点击即添加标高（图 7-130）。

将标高复制到卫生间，双击数字，修改为"－0.020"。

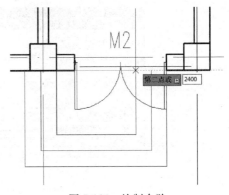

图 7-126　绘制台阶

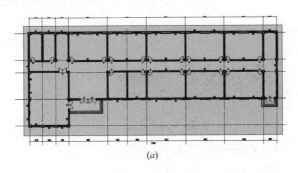
(a)

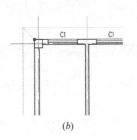
(b)

图 7-127　绘制散水
（a）框选所有外墙；（b）绘制完毕

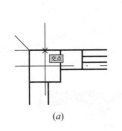
(a)

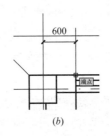
(b)

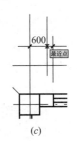
(c)

图 7-128　绘制尺寸标注
（a）点击轴线；（b）点击窗边；（c）点击尺寸线位置

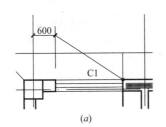
(a)

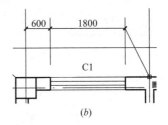
(b)

图 7-129　连续标注
（a）直接点击窗另一边作为第二点；（b）继续点击下一点

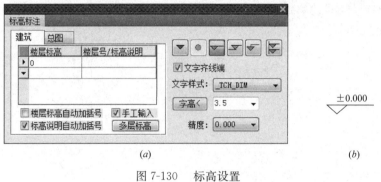

(a)　　　　　　　　　　　　　(b)

图 7-130　标高设置

(a) 标高对话框；(b) 放置标高

（14）添加图名及文字

1）图名

点击菜单"符号标注/图名标注"，输入"一层平面图"，在合适的位置用光标点击（图 7-131）。

(a)　　　　　　　　　　　　　(b)

图 7-131　绘制图名

(a) 图名标注对话框；(b) 放置图名

2）文字

点击菜单"文字表格/单行文字"，输入"教室"，在合适的位置用光标点击。该对话框中也可以添加符号（图 7-132）。

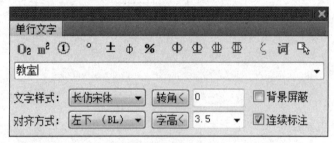

图 7-132　单行文字对话框

以此类推绘制其他文字（图 7-133）。

（15）添加图框

绘制 841×594 的矩形，然后左侧线向内 25，其他三边向内 10，形成内框绘图区（图 7-134）。

绘制标题栏：内框右线向内 50 做一条线，等分 8 份，绘制水平线（图 7-135）。

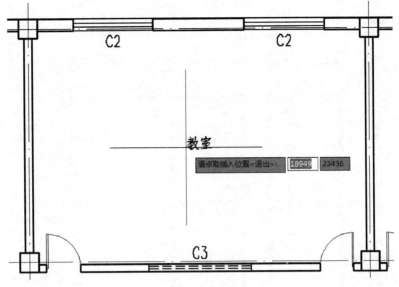

图 7-133 放置文字

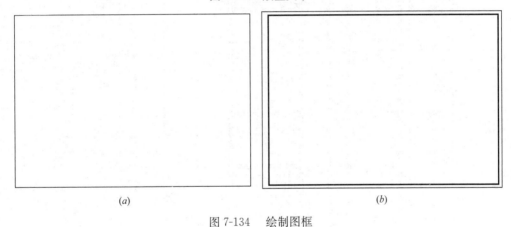

（a）　　　　　　　　　　　　　　　（b）

图 7-134 绘制图框

（a）绘制图框线；（b）绘制绘图区

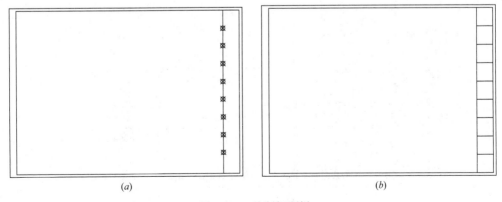

（a）　　　　　　　　　　　　　　　（b）

图 7-135 绘制标题栏

（a）将标题栏 8 等分；（b）绘制标题栏

将图框做成图块，放大 100 倍，将一层平面图移动到图框内（图 7-136）。

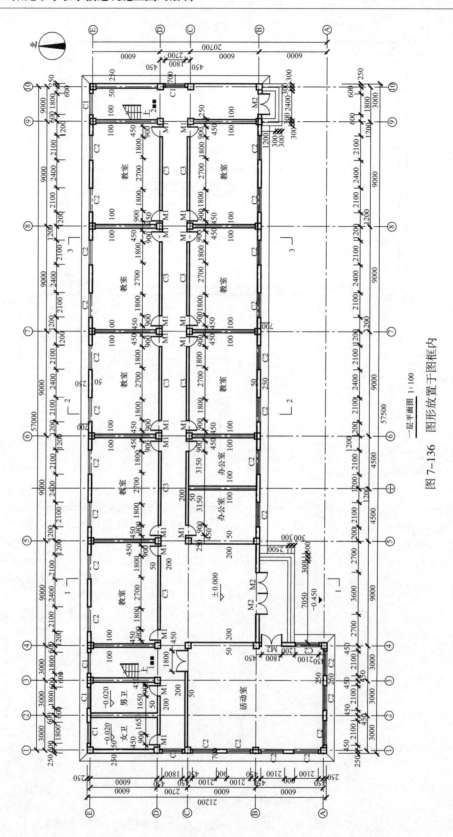

图 7-136　图形放置于图框内

一层平面图 1:100

【拓展提高】

1. 图纸幅面

图纸幅面简称图幅，是指图纸的长宽组成的图面大小，《房屋建筑制图统一标准》GB/T 50001—2017 中规定图幅有 A0、A1、A2、A3、A4 共五种规格，如图 7-137 所示。

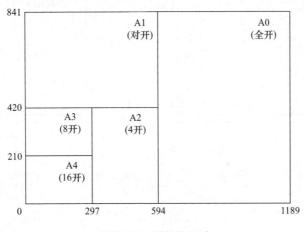

图 7-137　图幅的尺寸

A0 图幅的面积为短边乘以长边的积，即 $841\text{mm} \times 1189\text{mm} \approx 1\text{m}^2$。在实际工程应用中，图纸也可用开本的概念来表示，如 A0 为全开，A1 为对开（2 开），A2 为 4 开，A3 为 8 开，A4 为 16 开。

图框是指图纸上所供绘图范围的边框线，图纸幅面及图框尺寸应符合表 7-3 的规定。

图纸图面及图框尺寸　　　　　　　　　　　　　　　　　　　表 7-3

尺寸代号 　　　　幅面代号	A0	A1	A2	A3	A4
$b \times l$	841×1189	594×841	420×594	297×420	210×297
c	10			5	
a	25				

图纸的短边不应加长，A0～A3 幅面长边尺寸可加长，应符合表 7-4 的规定。

图纸长边加长尺寸　　　　　　　　　　　　　　　　　　　表 7-4

幅面代号	长边尺寸	长边加长后的尺寸
A0	1189	1486(A0+1/4 l)　　1635(A0+3/8 l)　　1783(A0+1/2 l)　　1932(A0+5/8 l) 2080(A0+3/4 l)　　2230(A0+7/8 l)　　2378 (A0+1 l)
A1	841	1051(A1+1/4 l)　　1261(A1+1/2 l)　　1471(A1+3/4 l)　　1682(A1+1 l) 1892(A1+5/4 l)　　2102(A1+3/2 l)
A2	594	743(A2+1/4 l)　　891(A2+1/2 l)　　1041(A2+3/4 l)　　1189(A2+1 l) 1338(A2+5/4 l)　　1486(A2+3/2 l)　　1635(A2+7/4 l)　　1783(A2+2 l) 1932(A2+9/4 l)　　2080(A2+5/2 l)
A3	420	630(A3+1/2 l)　　841(A3+1 l)　　1051(A3+3/2 l)　　1261(A3+2 l) 1471 (A3+5/2 l)　　1682(A3+3 l)　　1892(A3+7/2 l)

图纸以短边作为垂直边应为横式，如图 7-138 所示，以短边作为水平边应为立式，如图 7-139 所示。A0～A3 图纸宜横式使用，必要时也可立式使用。

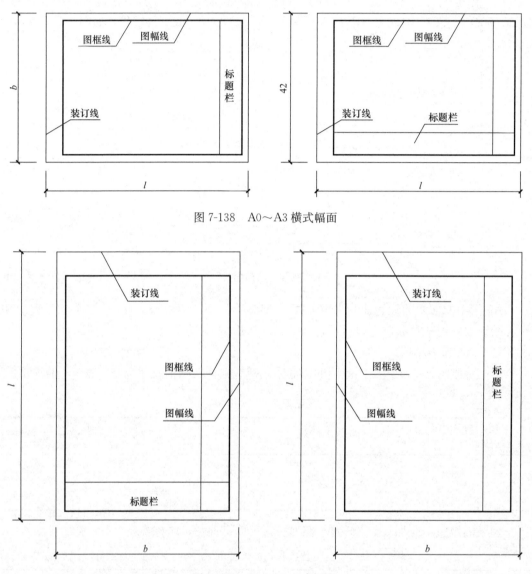

图 7-138　A0～A3 横式幅面

图 7-139　A0～A4 立式幅面

2. 标题栏

标题栏用于说明设计单位、工程名称、图名、图号以及设计人、制图人、审批人的签名和日期等，根据工程需要选择确定其尺寸、格式和分区，其方向应与看图的方向一致（图 7-140）。

学生在校学习期间，绘图作业中可采用如图 7-141 所示的作业标题栏样式。

3. 图框的图线

图纸的图框和标题栏线，可采用表 7-5 的线宽。

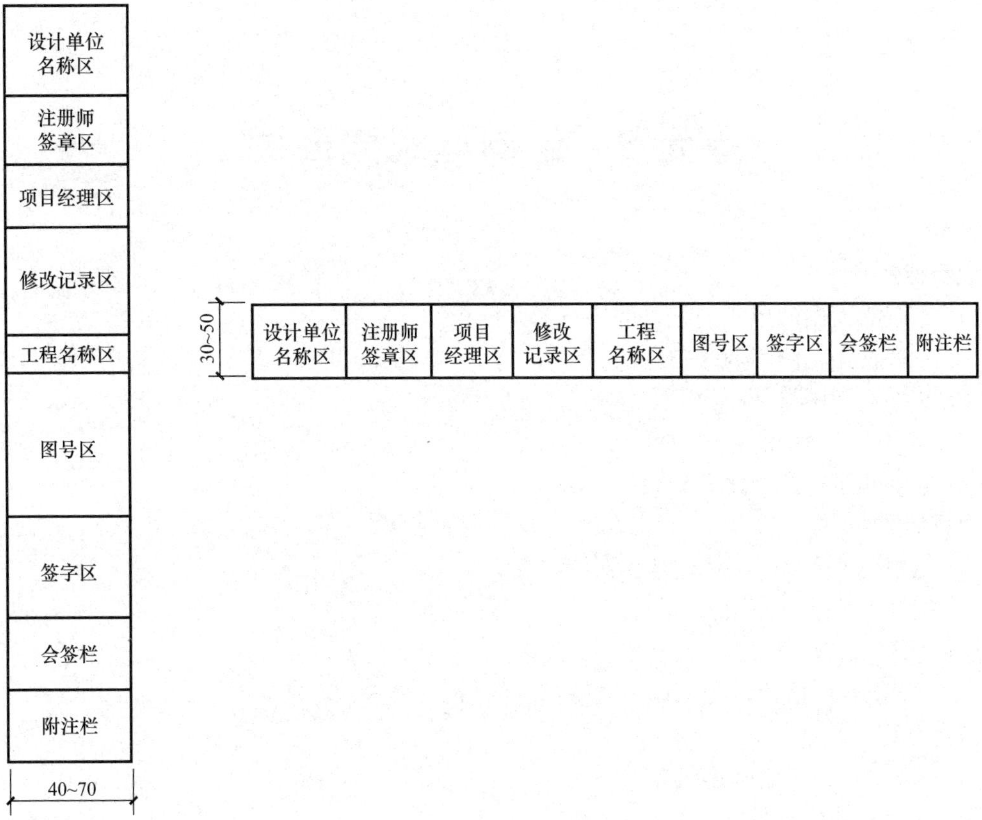

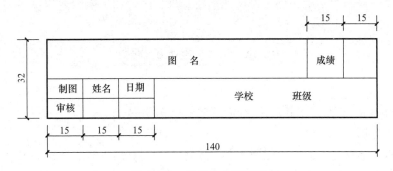

图 7-140 标题栏

图 7-141 学生作业标题栏

图框和标题栏的线宽   表 7-5

幅面代号	图框线	标题栏外框线	标题栏分格线
A0、A1	b	$0.5b$	$0.25b$
A2、A3、A4	b	$0.7b$	$0.35b$

单元 8　绘制建筑立面图

【知识目标】

1. 了解立面图的形成过程，能进行形体分析。
2. 掌握常用轴测图的绘制方法。
3. 掌握立面图与平面图的对应关系。
4. 掌握阵列命令的使用。
5. 掌握建筑标高的含义和绘制方法。

【能力目标】

1. 能用 AutoCAD 绘制建筑立面图。
2. 能补绘建筑立面图。

【素质目标】

培养学生合作精神，在工作中能够良好的沟通。

【任务介绍】

1. 用 AutoCAD 绘制建筑立面图。
2. 补绘建筑立面图。

【任务分析】

立面图在三视图中是由正面投影和侧面投影形成的，和平面图间有对齐关系。

任务 1　绘制轴测图

1. 根据下面的三视图（图 8-1）绘制形体的正等测图

（1）形体分析

该形体由三部分叠加而成，最下方为长方体，上方后侧为竖着放的五棱柱，上方右侧为截面为三角形的柱体（图 8-2）。

（2）绘制步骤

1）确定坐标轴

正等测图的坐标轴为三个夹角互为 120°的直线，如图 8-3 所示。正等测图的三个方向轴向伸缩系数 $p=q=r=1$。绘制轴测图时无需画出坐标轴，但是三视图中与轴线平行的线在正等测图中也应绘制成与对应的轴线平行，并且与三视图中的长度相同。

2）绘制形体最下方部分的长方体（图 8-4）。

从坐标原点向 X 轴方向绘制 50，再从原点向 Y 轴方向绘制 30，将两条线复制成平行四边形，作为长方体的底面（图 8-5）。

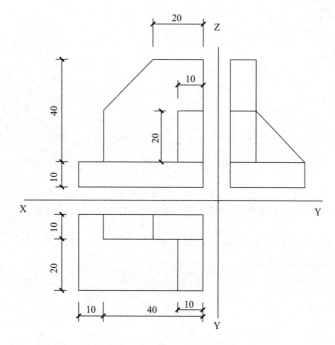

图 8-1　绘制形体的正等测图

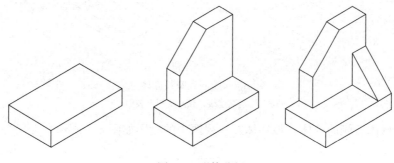

图 8-2　形体分析

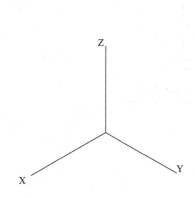

图 8-3　正等测图的坐标轴

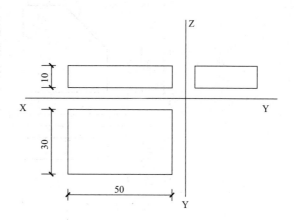

图 8-4　最下方部分的长方体的三视图

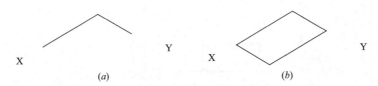

图 8-5 绘制底面

（*a*）向 X 轴方向绘制 50，向 Y 轴方向绘制 30；（*b*）闭合底面

从平行四边形的四个角向上绘制长方体的高度线长 10。将底面的平行四边形复制到高度线的上方作为上表面（图 8-6）。

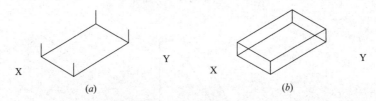

图 8-6 绘制底座长方体

（*a*）绘制高度线；（*b*）绘制上表面

3）绘制形体后侧的柱体，该柱体在三视图中的投影如图 8-7 所示。

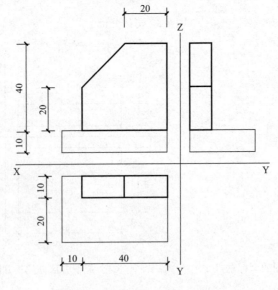

图 8-7 形体后侧的柱体三视图

首先绘制柱体的横截面。从底部长方体的上表面后侧角点向上绘制直线长 40，再沿 X 轴方向绘制直线长 20（图 8-8）。

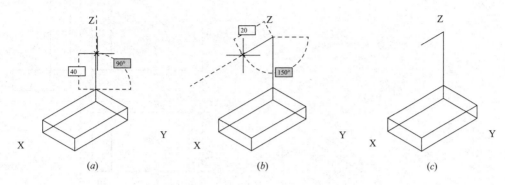

图 8-8 绘制柱体后表面 Z、X 轴方向线

（a）向上绘制 40；（b）向 X 轴绘制 20；（c）退出直线命令

再从底部长方体的上表面后侧角点向 X 轴方向绘制直线长 40，再向上绘制直线长 20。连接与顶部的角点（图 8-9）。

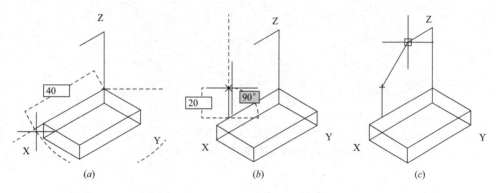

图 8-9 绘制完整柱体后表面

（a）向 X 轴绘制 40；（b）向上绘制 20；（c）绘制斜线

从柱体的横截面各个角点向 Y 轴方向绘制柱体厚度直线 10，然后将横断面各个直线向 Y 轴方向复制 10（图 8-10）。

4）绘制形体右侧的三棱柱，该柱体在三视图中的投影如图 8-11 所示。

首先绘制柱体的横截面。在前两个形体的交点 1 向上绘制直线长 20，再从点 1 向 Y 轴绘制直线长 20，连接两个直线的端点（图 8-12）。

从绘制的三角形各个角点向 X 轴方向绘制直线长 10，将三角形向 X 轴方向复制距离 10（图 8-13）。

5）将被遮挡的不可见线删除或剪切，保留可见线（图 8-14）。

2. 根据下面的三视图（图 8-15）绘制形体的正面斜二测图。

（1）形体分析

该形体由长方体切割而成，切割过程如图 8-16 所示。

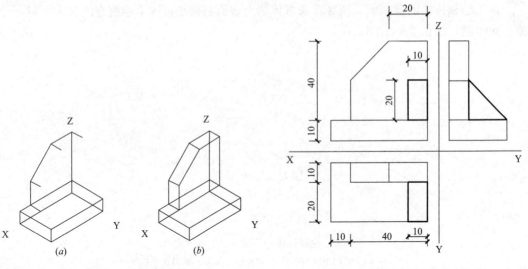

图 8-10 绘制柱体

（a）绘制厚度；（b）绘制前表面

图 8-11 右侧的三棱柱的三视图

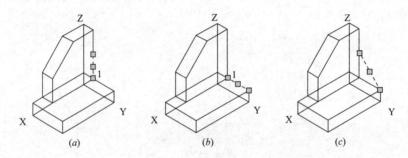

图 8-12 确定后面三个方向尺寸

（a）Z 轴方向 20；（b）Y 轴方向 20；（c）连接出斜线

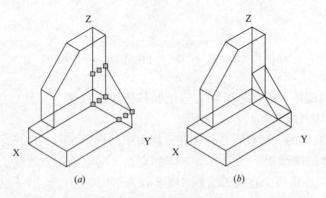

图 8-13 绘制右侧柱体

（a）绘制厚度；（b）绘制柱体

（2）绘制步骤

1）确定坐标轴

正面斜二测图的坐标轴中 X、Z 轴互相垂直，Y 轴与水平线夹角为 45°，即 Y 轴与 X、Z 轴的夹角均为 135°（图 8-17）。

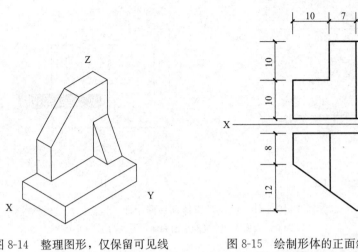

图 8-14　整理图形，仅保留可见线　　　图 8-15　绘制形体的正面斜二测图

图 8-16　形体分析

正面斜二测图的轴向伸缩系数 $p=1$、$q=0.5$、$r=1$。绘制正面斜二测图时，三视图中投影线与 X、Z 轴平行的线在轴测图中按原长绘制，与 Y 轴平行的线在轴测图中按原长一半绘制。

2）绘制切割之前的长方体（图 8-18）。

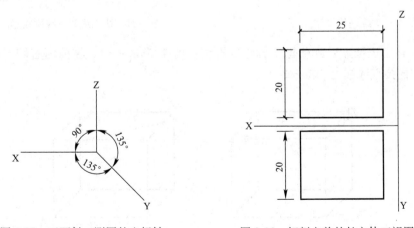

图 8-17　正面斜二测图的坐标轴　　　图 8-18　切割之前的长方体三视图

按照主视图尺寸，绘制边长为 25×20 的矩形，将矩形向 Y 轴复制距离 10（$20 \times$ Y 轴轴向伸缩系数 0.5），如图 8-19 所示。

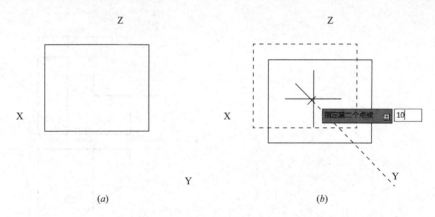

图 8-19　绘制长方体前后两个面

（a）绘制后表面；（b）复制出前表面，厚度为 10

连接长方体各个角点（图 8-20）。

3）绘制第一个切割过程（图 8-21）

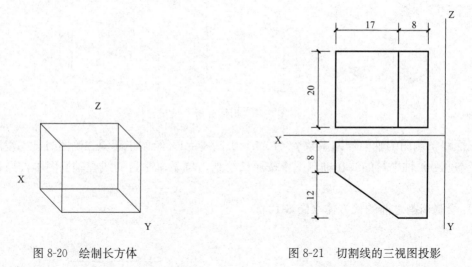

图 8-20　绘制长方体　　　　　图 8-21　切割线的三视图投影

在长方体上表面左后方点向 Y 轴绘制直线长度 4（8×0.5），在前面右侧点向 X 轴绘制长度 8，连接直线端点（图 8-22）。

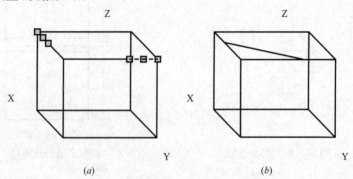

图 8-22　绘制上表面切割线位置

（a）确定斜线端点位置；（b）连接斜线

将该直线向下复制距离 20，即复制到长方体的底面，连接两个直线的端点（图 8-23）。

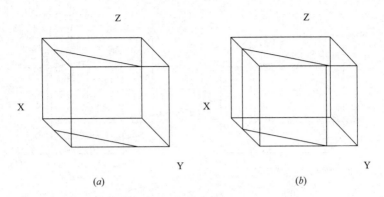

图 8-23　绘制切割面

（a）将上表面切割线复制到底面；（b）连接出切割面

4）绘制第二个切割过程（图 8-24）

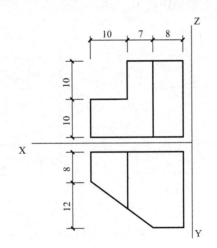

图 8-24　另一个切割位置的三视图投影

将长方体上表面右侧的直线向 X 轴方复制距离 15，剪切掉复制的线在斜线外的部分（图 8-25）。

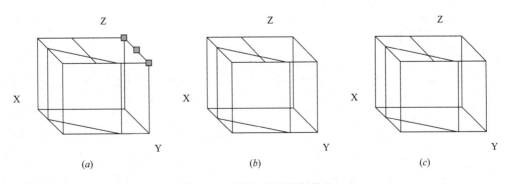

图 8-25　绘制上表面切割位置

（a）选中直线向 X 轴复制距离 15；（b）复制结果；（c）修剪多余线

将剪切后的直线向下复制距离 10，连接两个直线的端点（图 8-26）。

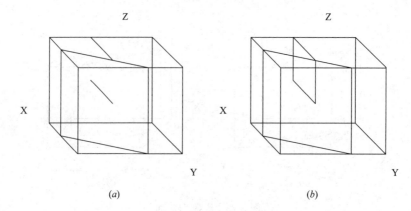

图 8-26　绘制竖直切割面

（*a*）将直线向下复制距离 10；（*b*）连接出切割面

将上表面左侧的短线向下复制距离 10（图 8-27）。

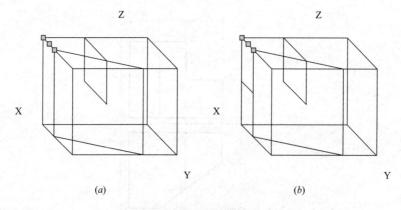

图 8-27　绘制水平切割面的边线

（*a*）将上部直线向下复制距离 10；（*b*）复制完毕

连接切割部分的底面直线的端点（图 8-28）。

5）将被遮挡的不可见线删除或剪切，保留可见线（图 8-29）。

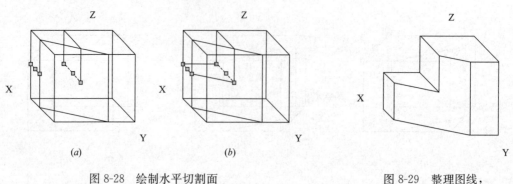

图 8-28　绘制水平切割面

（*a*）连接直线端点；（*b*）形成水平切割面

图 8-29　整理图线，
保留可见线

【拓展提高】

　　1. 轴测投影图的形成

　　轴测图是一种单面投影图，是把空间物体和确定其空间位置的直角坐标系按平行投影法沿不平行于任何坐标面的方向用平行投影法投影到单一投影面上所得的图形。在一个投影面上能同时反映出物体三个坐标面的形状，并接近于人们的视觉习惯，形象、逼真，富有立体感。但是轴测图一般不能反映出物体各表面的实形，因而度量性差，同时作图较复杂。因此，在工程上常把轴测图作为辅助图样，在设计中，用轴测图帮助构思、想象物体的形状，以弥补正投影图的不足。如图 8-30 所示。

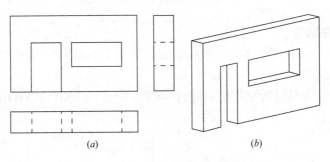

图 8-30　三面正投影图与轴测图比较

(*a*) 三面正投影图；(*b*) 轴测图

　　2. 轴测图的特性

　　(1) 平行性：物体上互相平行的线段，在轴测图上仍互相平行。

　　(2) 定比性：物体上两平行线段或同一直线上的两线段长度之比，在轴测图上保持不变。

　　(3) 度量性：物体上平行于轴测投影面的直线和平面，在轴测图上反映实长和实形 (图 8-31)。

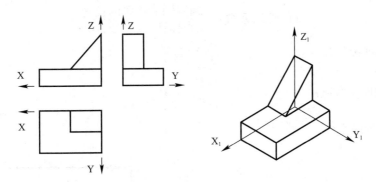

图 8-31　轴测图的特性

　　注意：与坐标轴不平行的线段其伸缩系数与之不同，不能直接度量与绘制，只能根据端点坐标，作出两端点后连线绘制。

　　轴测图和透视图区别：轴测图是平行投影得到的投影图，透视图是用中心投影法得到的投影图 (图 8-32)。

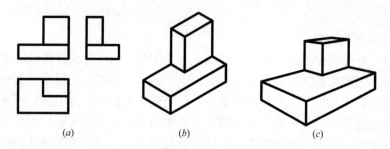

图 8-32　轴测图和透视图区别

（*a*）三视图；（*b*）轴测图；（*c*）透视图

3. 轴测图与轴间角

（1）轴测轴——建立在物体上的坐标轴在投影面上的投影，如图 8-33 所示中 O1X1、O1Y1、O1Z1。

（2）轴间角——轴测轴间的夹角，如图 8-33 所示中 ∠X1O1Z1、∠Y1O1Z1、∠X1O1Y1。

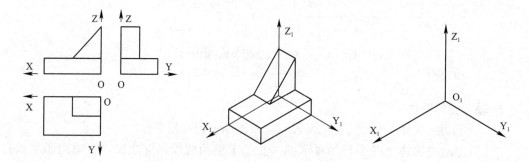

图 8-33　轴测图与轴间角

4. 轴向伸缩系数（图 8-34）

$$轴向伸缩系数 = \frac{轴测轴上线段的长度}{原坐标轴上线段的长度}$$

X 轴轴向伸缩系数：　　　$\dfrac{O_1X_1}{OX} = p$

Y 轴轴向伸缩系数：　　　$\dfrac{O_1Y_1}{OY} = q$

Z 轴轴向伸缩系数：　　　$\dfrac{O_1Z_1}{OZ} = r$

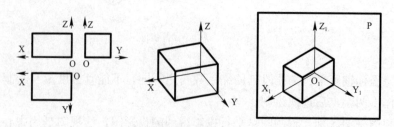

图 8-34　轴向伸缩系数

5. 轴测图的分类 (图 8-35)

（1）正轴测图——用正投影法形成。

（2）斜轴测图——用斜投影法形成。

6. 常用轴测图

制图标准中规定，一般采用正等测、正二测、斜二测三种轴测图，工程上使用较多的是正等测和斜二测。

（1）正等测

正等测图的三个方向轴向伸缩系数 $p=q=r=0.82$，考虑到三个方向的系数相同，均取值为1，以简化绘图过程（图 8-36）。

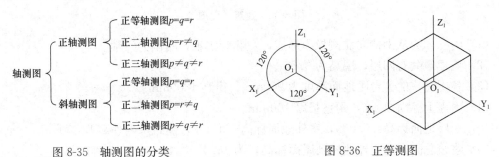

图 8-35 轴测图的分类   图 8-36 正等测图

（2）正面斜二测

v 正面斜二测的轴向伸缩系数 $p=1$、$q=0.5$、$r=1$。形体中正面平行于轴测投影面，其轴测图为实形（图 8-37）。

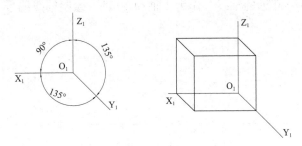

图 8-37 正面斜二测图

7. 轴测图的选择

（1）对于形体在不同方向均有圆或圆弧时，用正等测较方便。

（2）对于在一个方向有许多圆或圆弧的形体，用斜二测作图较方便。

（3）根据形体的方位选择立体感强的轴测图。

任务 2 绘制建筑立面图

子任务 1 识读立面图

识读图 8-38 中的建筑立面图。

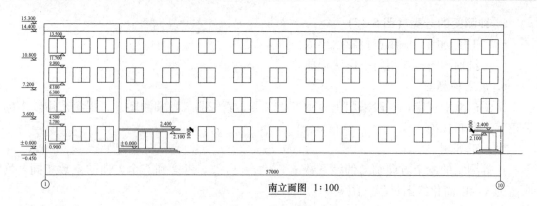

图 8-38　建筑立面图

（1）南立面为从南侧向北侧投影形成，左侧为①轴，右侧为⑩轴。

（2）该建筑共有四层，层高为 3.6m。

（3）各层窗户的窗台距地面高度为 900mm，窗高 1800mm。

（4）雨篷上标高 2.4m，雨篷板厚 100mm。

（5）一层地面标高±0.000，室外地面标高－0.450，建筑室内外高差 450mm。

（6）建筑总高度为室外地坪到屋面标高，为 14.4＋0.45＝14.85m。

子任务 2　绘制立面图

1. 确定轴线

绘制两条相距 57000 远的轴线，作为 1 轴和 10 轴，绘制轴线编号（图 8-39）。

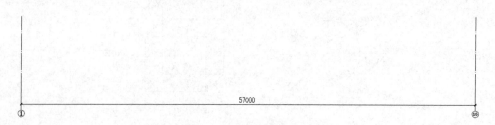

图 8-39　确定轴线

2. 绘制轮廓线

　　将 1 轴线向左偏移 250 作为左边轮廓线。将 10 轴线向右偏移 250 作为右边轮廓线。将左边轮廓线向右平移 9500（图 8-40）。

图 8-40　偏移轴线作为外轮廓位置

绘制地坪线，再将地坪线向上平移 15750（图 8-41）。

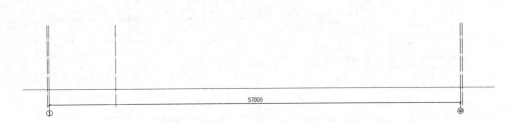

图 8-41　偏移出屋顶线

用延长、剪切等命令整理轮廓线。轮廓线设为粗实线（图 8-42）。

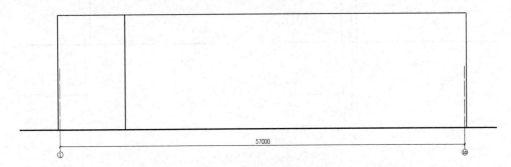

图 8-42　整理立面图轮廓

将上部轮廓线向下偏移 900（图 8-43）。

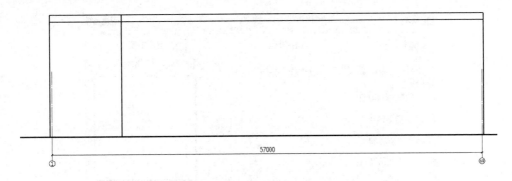

图 8-43　屋顶轮廓向下偏移 900

3. 绘制窗户

立面图中一层的窗户左下角起点 A 距地坪线 1350（窗台高 900＋室内外高差 450），由平面图可知 A 点距左边轮廓线 700（图 8-44）。

将地坪线向上偏移 1350，左边轮廓线向右偏移 700（图 8-45）。

以两条辅助线为窗的左下角点，绘制尺寸为 2100×1800 的窗。删除辅助线（图 8-46）。

199

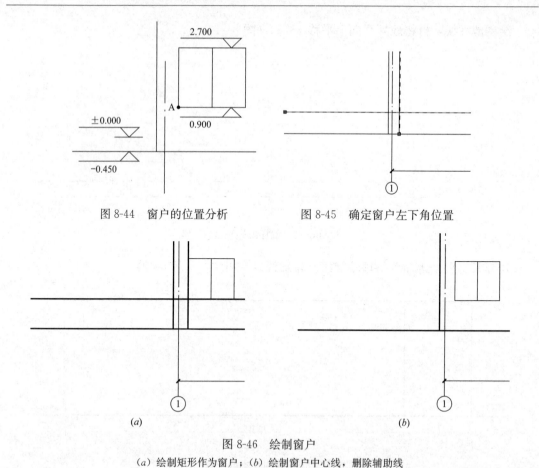

图 8-44 窗户的位置分析   图 8-45 确定窗户左下角位置

(a)   (b)

图 8-46 绘制窗户
(a) 绘制矩形作为窗户；(b) 绘制窗户中心线，删除辅助线

　　键盘输入"ArrayClassic"打开阵列命令，设置行数为 4，列数为 3，行间距为 3600，列间距为 3000（图 8-47）。

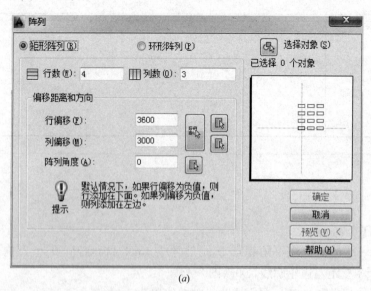

(a)

图 8-47 绘制立面图左半部窗户（一）
(a) 阵列设置

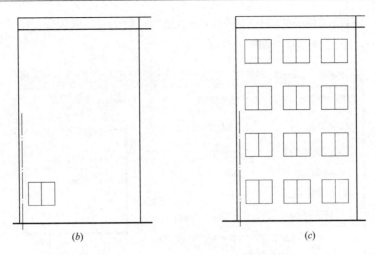

图 8-47　绘制立面图左半部窗户（二）

（b）选择窗户作为阵列对象；（c）阵列结果

将 10 轴右边的轮廓线向左复制 4450，将地坪线向上复制 1350（图 8-48）。

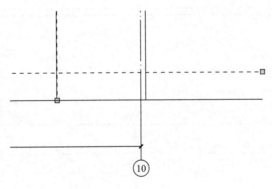

图 8-48　右侧窗户辅助线

将前面绘制的窗户复制到辅助线交点，窗户的右下角和辅助线交点重合。删除辅助线（图 8-49）。

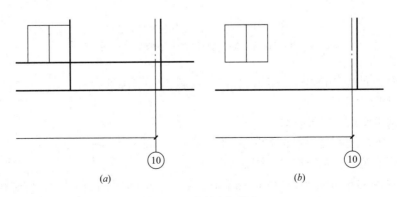

图 8-49　绘制右侧窗户

（a）用矩形绘制窗户；（b）删除辅助线

　　键盘输入"ArrayClassic"打开阵列命令，设置行数为 4，列数为 10，行间距为 3600，列间距为－4500（向左阵列），如图 8-50 所示。

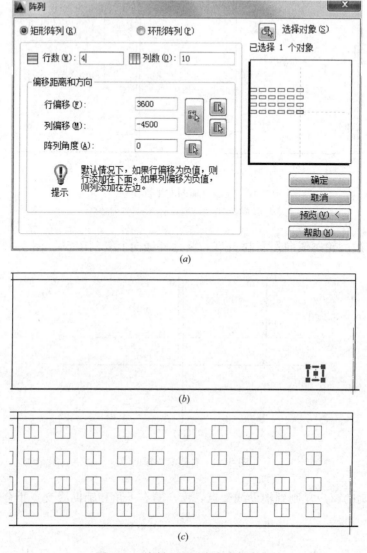

图 8-50　绘制立面图中右半部窗户

(a) 阵列设置；(b) 选择窗户作为阵列对象；(c) 阵列结果

　　将最右面一列窗户的第 2～4 层窗户向右复制 3750（图 8-51）。

4. 绘制大门

（1）绘制主要出入口处台阶

台阶共三级，最上面平台长 7050，踏步宽 300，高 150（图 8-52）。

删除台阶上面一层两个窗户（图 8-53）。

将台阶左侧的墙轮廓线分别向右偏移 2450、3600，将台阶上表面向上偏移 2100（图 8-54）。

剪切整理成门的轮廓线（图 8-55）。

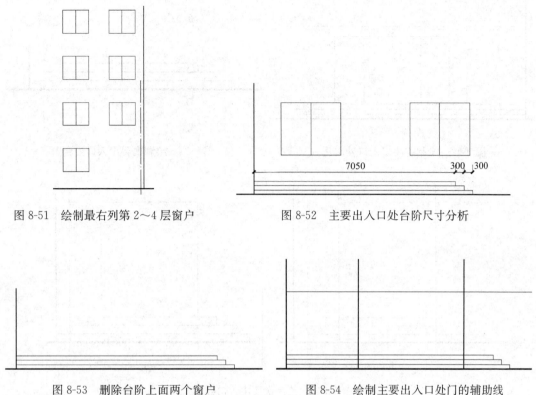

图 8-51 绘制最右列第 2～4 层窗户　　　　图 8-52 主要出入口处台阶尺寸分析

图 8-53 删除台阶上面两个窗户　　　　图 8-54 绘制主要出入口处门的辅助线

将门轮廓线向内偏移 3 次，每次偏移 900，形成门的分格线（图 8-56）。

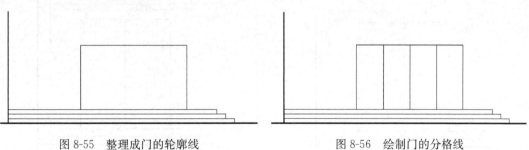

图 8-55 整理成门的轮廓线　　　　　　图 8-56 绘制门的分格线

将台阶最上面的线分别向上偏移 2300、100，形成雨篷的水平线，整理雨篷的长度至台阶下面的长度（图 8-57）。

（2）绘制次要出入口处台阶

台阶也为三级，最下面平台长 3600，踏步宽 300，高 150（图 8-58）。

将台阶右侧的墙轮廓线分别向左偏移 850、1800，将台阶上表面向上偏移 2100，剪切整理成门的轮廓线（图 8-59）。

添加门的分格线（图 8-60）。

按照第一个台阶上雨篷的高度绘制本台阶雨篷，即雨篷上表面距台阶上表面 2400（图 8-61）。

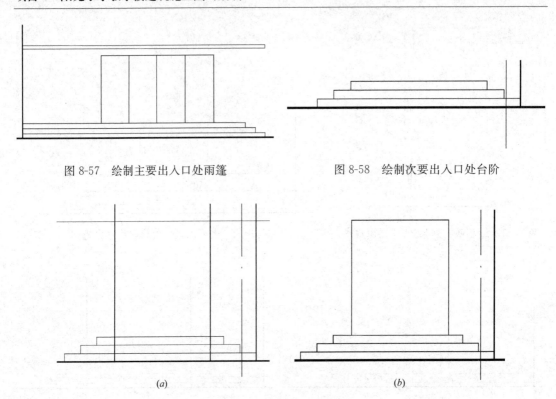

图 8-57 绘制主要出入口处雨篷   图 8-58 绘制次要出入口处台阶

(a)   *(b)*

图 8-59 绘制次要出入口处门
（*a*）绘制门的辅助线；（*b*）整理成门的轮廓线

图 8-60 门的分格线   图 8-61 绘制次要出入口处雨篷

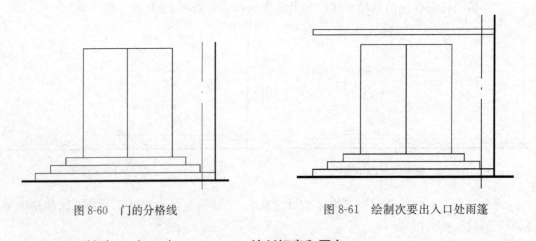

图 8-62 绘制标高和图名

5. 绘制标高和图名

绘制标高符号，本图比例为 1：100，标高符号三角形高度为 300，文字高 350。图 8-62 为立面图左下角的实例。图名高度 1000，名称为"南立面图"。

6. 绘制图框

将之前任务中绘制的"一层平面图"打开，将图框用外部图块命令形成单独文件。

在本文件中用插入命令将图框插入，将立面图移至图框中（图 8-63）。

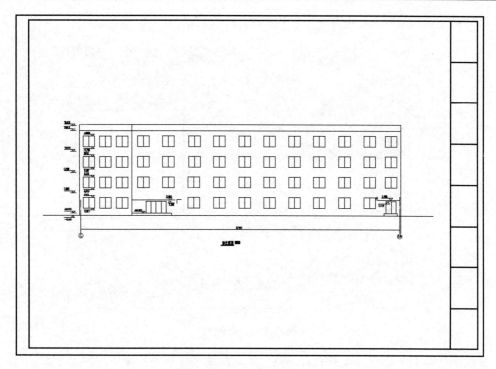

图 8-63 绘制图框

【拓展提高】

阵列命令的使用

（1）阵列命令为 Array（快捷键为"AR"），进入命令后按照提示行输入设置。

（2）阵列窗口的调出命令为 ArrayClassic。

（3）矩形阵列。

设置行数、列数、行偏移、列偏移（图 8-64）。

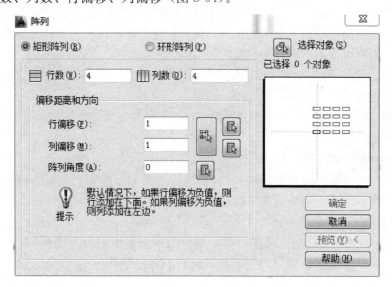

图 8-64 矩形阵列

（4）环形阵列（图 8-65）

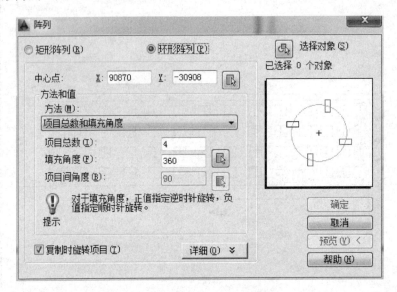

图 8-65　环形阵列

在绘图区拾取中心点，设置项目总数、填充角度和项目间角度中的两个参数。

任务 3　补绘建筑立面图

根据本项目中单元 7 内的平面图和单元 8 内的立面图绘制建筑的西立面（图 8-66）。

1. 分析

（1）根据平面图中的指北针可知，西侧在左面，西立面应该从 1 轴的左侧向右投影。此时西立面的左侧为 E 轴，右侧为 A 轴，故也可称Ⓔ-Ⓐ立面图。

（2）在西立面能够看到 1 轴上的窗户，窗户的窗台高和窗洞高都和立面图中相应。

（3）从西面投影将看不到两个台阶。

2. 绘制西立面

（1）绘制轴线

绘制两条轴线，间距 20700，添加轴号 E、A（图 8-67）。

（2）绘制地坪线和轮廓

1）绘制地坪线（图 8-68）。

2）将 E 轴和 A 轴各向外侧偏移 250，将地坪线向上偏移 15750（图 8-69）。

修剪外轮廓，并将上边横线向下偏移 900（图 8-70）。

（3）绘制窗户

1）将 E 轴旁的轮廓线向右偏移 6700，地坪线向上偏移 1350（图 8-71）。

将偏移出的辅助线作为窗户的左下角，向右上方绘制尺寸为 1800×1800 的矩形。删除辅助线（图 8-72）。

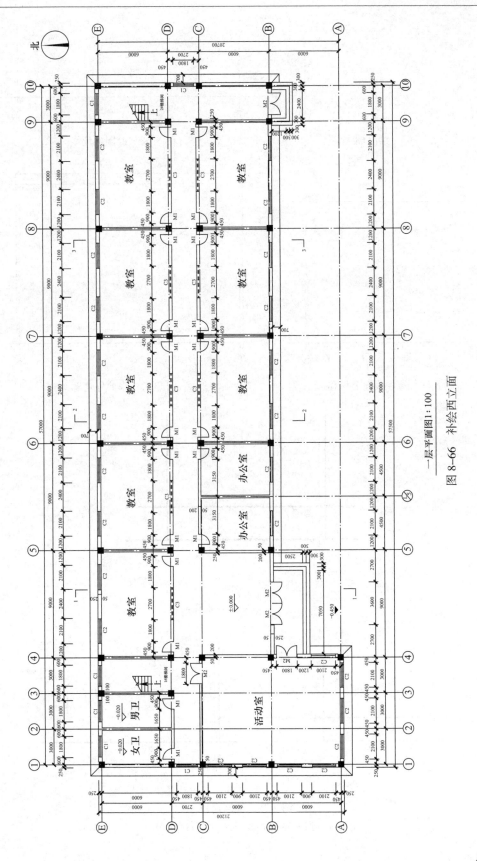

一层平面图 1∶100

补绘西立面

图 8-66

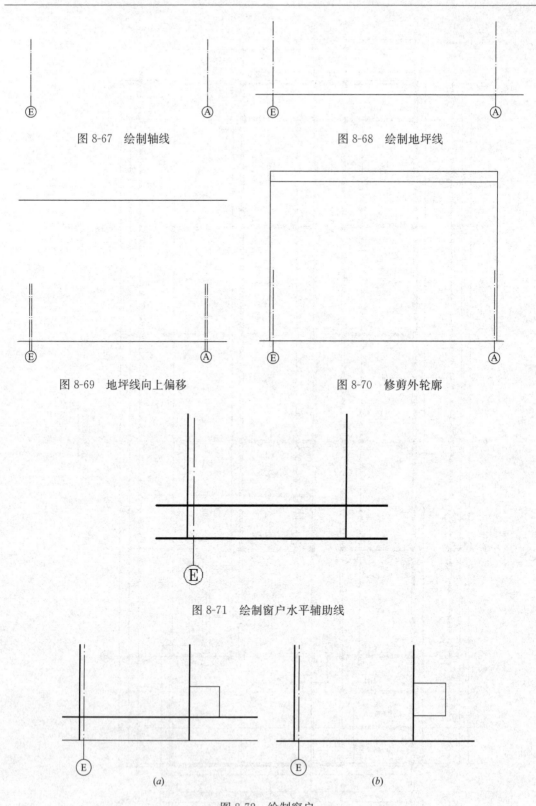

图 8-67　绘制轴线　　　　　　　　　　　图 8-68　绘制地坪线

图 8-69　地坪线向上偏移　　　　　　　　图 8-70　修剪外轮廓

图 8-71　绘制窗户水平辅助线

(a)　　　　　　　　　　　　　　　　(b)

图 8-72　绘制窗户

(a) 绘制竖向辅助线；(b) 整理窗户轮廓

将窗户向上阵列，1 列 4 行，行间距 3600（图 8-73）。

2）进入到矩形命令，将十字光标放至最下面矩形的最下角，出现捕捉符号之后向右对象捕捉追踪，输入 900，作为下一个矩形的左下角点（图 8-74）。

确定矩形第一点后，输入"@ 2100，1800"，即绘制好窗户（图 8-75）。

将窗户阵列，4 列 4 行，行间距 3600，列间距 3000（图 8-76）。

（4）添加标高和图名（图 8-77）

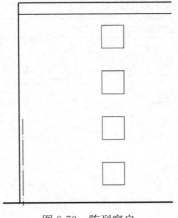

图 8-73　阵列窗户

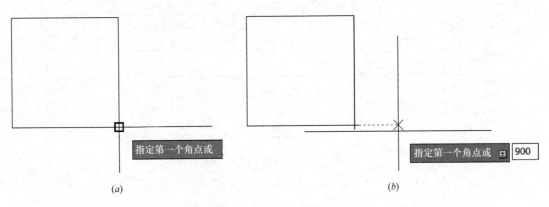

指定第一个角点或

（a）

指定第一个角点或　▫ 900

（b）

图 8-74　绘制另一个尺寸窗户

（a）从矩形右下角开始追踪；（b）在水平追踪线上距离 900 作为矩形第一点

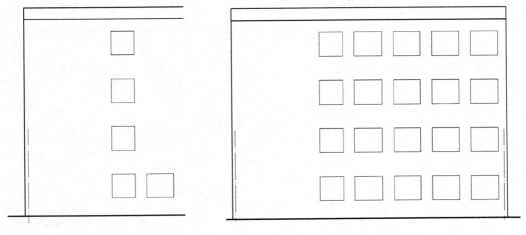

图 8-75　绘制出宽 2100 窗户

图 8-76　阵列窗户

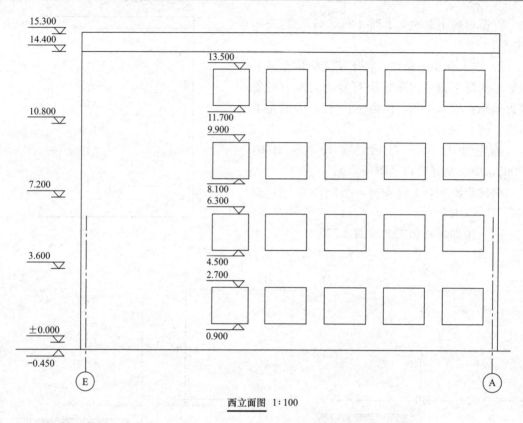

西立面图 1:100

图 8-77 添加标高和图名

单元 9 绘制建筑剖面图

【知识目标】

1. 掌握剖面图中图例填充方法。
2. 掌握剖面图和平面图、立面图的对应关系。

【能力目标】

能根据平面图的剖切位置绘制剖面图。

【素质目标】

培养学生良好的空间想象能力，能够独立表达思考结果。

【任务介绍】

根据项目二中绘制过的平面图和立面图绘制建筑剖面图（图 9-1）。

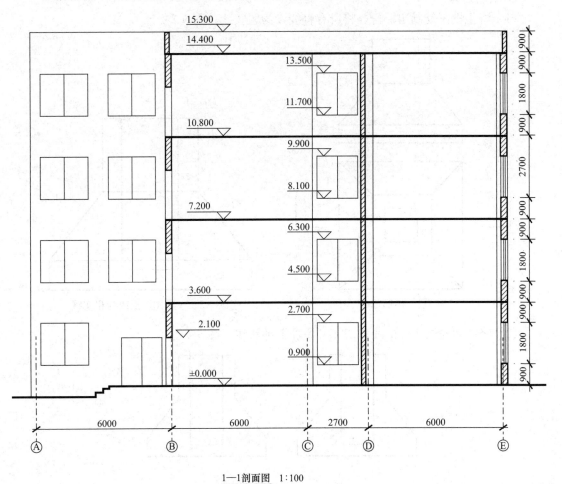

1—1剖面图 1:100

图 9-1 建筑剖面图

211

【任务分析】

　　剖面图的剖切符号绘制在一层平面，根据投影方向确定剖面图内的轴线位置，依次绘制剖切的墙和楼板、投影线、构件线等内容，完成剖面图的绘制。

任务 1　绘制建筑构件的剖面图和断面图

子任务 1　绘制下面杯形基础的剖面图

绘制下面杯形基础的剖面图（图 9-2）。

1. 形体分析

杯形基础的中间为了放置柱子，作出了一个洞口，在三视图投影时用虚线表示，剖切面从孔洞中间切开向一侧投影，除了洞口外其余均为断面。

投影方向与主视图一致，可将主视图修改变成 1-1 剖面图。

2. 绘制过程

（1）将主视图复制出一份，将所有直线设为粗实线（图 9-3）。

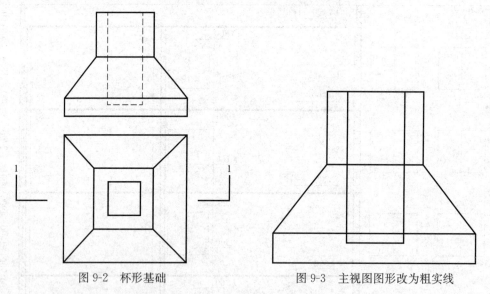

图 9-2　杯形基础　　　　　　　图 9-3　主视图图形改为粗实线

（2）将断面轮廓之外的线剪切掉，添加上部看线（图 9-4）。

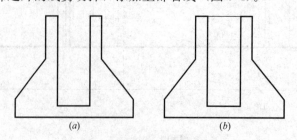

(a)　　　　　　　　　　(b)

图 9-4　整理断面和看线

(a) 保留断面轮廓；(b) 绘制看线

（3）将断面填充 45°线，添加图名（图 9-5）。

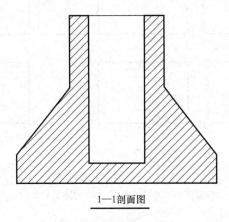

1—1剖面图

图 9-5　填充断面图例

子任务 2　绘制下面杯形基础的剖面图

绘制下面杯形基础的剖面图（图 9-6）。

1. 形体分析

牛腿柱的截面宽度相同，在不同的高度上截面长度不一样，甚至在 3-3 剖切位置有洞口。

三个剖切符号的投影方向均为俯视图方向，将俯视图中对应直线复制出可修改为断面图。

2. 绘制步骤

为正确理解各个断面与原俯视图的位置关系，在下面各个步骤中均将俯视图保留以方便对比。

（1）绘制 1-1 断面图

将复制出的俯视图中多余的线删除或剪切，将断面填充即可（图 9-7）。

（2）绘制 2-2 断面图

将复制出的俯视图中多余的线删除，将断面填充（图 9-8）。

（3）绘制 3-3 断面图

将复制出的俯视图中多余的线删除，将断面填充（图 9-9）。

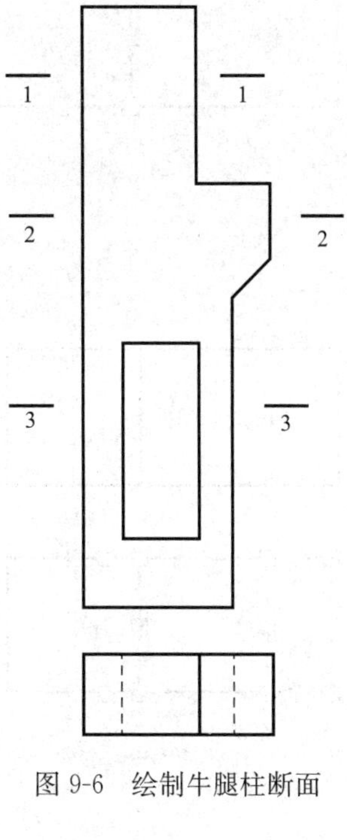

图 9-6　绘制牛腿柱断面

【拓展提高】

剖面图和断面图常见类型的绘制：

1. 全剖面图

用一个无限大的平面将物体剖切开，向垂直于剖切平面的某一方向进行正投影，即得到全剖面图（图 9-10）。

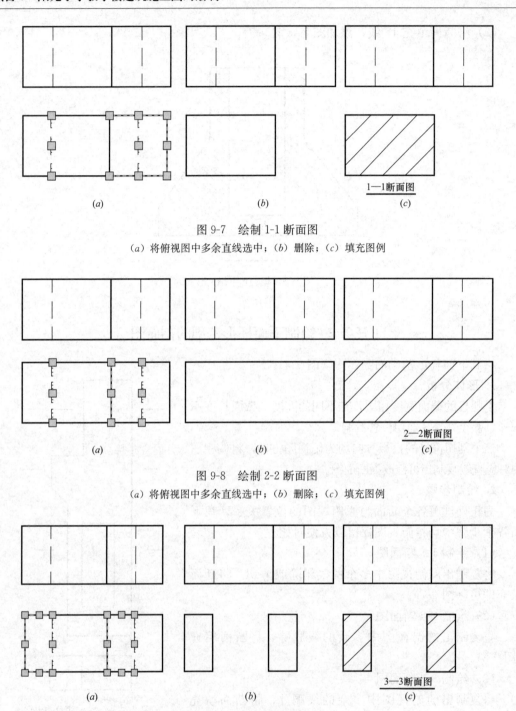

图 9-7　绘制 1-1 断面图
(*a*) 将俯视图中多余直线选中；(*b*) 删除；(*c*) 填充图例

图 9-8　绘制 2-2 断面图
(*a*) 将俯视图中多余直线选中；(*b*) 删除；(*c*) 填充图例

图 9-9　绘制 3-3 断面图
(*a*) 将俯视图中多余直线选中；(*b*) 删除；(*c*) 填充图例

2. 半剖面图

用两个呈一定夹角的剖切平面在物体上剖切，剖切掉物体的一部分，向垂直于其中一个剖切面的方向进行正投影，即得到半剖面图。半剖面图可以同时表达物体的外部和内部构造（图 9-11）。

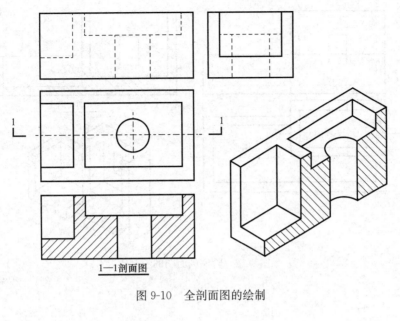

1—1剖面图

图 9-10 全剖面图的绘制

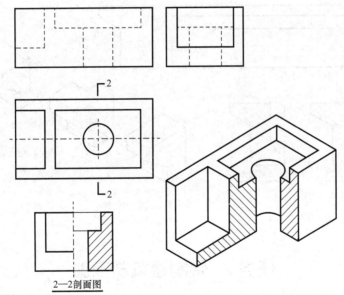

2—2剖面图

图 9-11 半剖面图的绘制

3. 阶梯剖面图

有时用一个平面不能完整表达物体内部形状特点,可用三个互相垂直的平面剖切物体,剖切掉物体的一部分,向垂直于其中一个剖切面的方向进行正投影,即得到阶梯剖面图。在剖切过程中应剖切到能够表示物体特征的位置。中间的剖切面造成的投影线可不绘制(图 9-12)。

4. 移出断面图

在对物体剖切过程中产生的断面,绘制到与物体三面投影图共面的位置,即为移出断面图(图 9-13)。

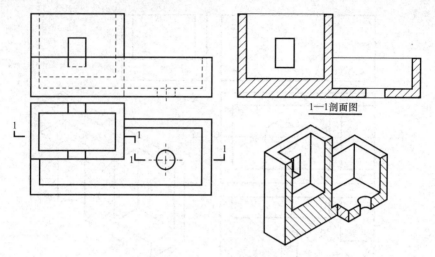

图 9-12 阶梯剖面图的绘制

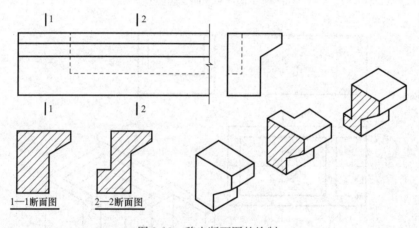

图 9-13 移出断面图的绘制

任务 2 绘制建筑剖面图

子任务 1 剖面图的识读

剖面图的识读

1. 剖面图是用垂直面将建筑剖切，所以剖面图中的一些位置高度与建筑立面图是对应的。

2. 该剖面图为 1-1 剖切位置，剖切到 B、D、E 轴线所在墙体即墙体上的门窗洞口。能够剖切到台阶，能够看到台阶的断面尺寸。

3. 向左侧投影时，能够看到 A、C 轴所在墙体的表面线，能够看到走廊尽头的窗 C1。能够看到 4 轴线上在 A、B 轴之间的门和窗。能够看到剖切位置教室在 D、E 处的柱边线。

此时剖面图左侧为 A 轴，右侧为 E 轴。

<h2 style="text-align:center">子任务 2 绘制剖面图</h2>

1. 绘制轴线

绘制从 A 至 E 轴线，间距依次为 6000、6000、2700、6000（图 9-14）。

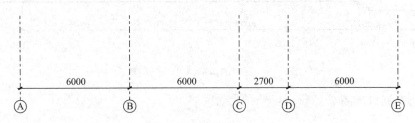

图 9-14 绘制轴线

2. 绘制墙体及楼板断面

剖面图中的断面轮廓均应为粗实线。

B 轴向左偏移 250，向右偏移 50。D 轴向左偏移 250，再从 D 轴向左偏移 50。E 轴向左偏移 50，向右偏移 250。将所有偏移的线改为粗实线（图 9-15）。

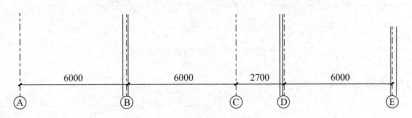

图 9-15 绘制墙体断面位置

绘制地坪线，台阶最高点 1 距 B 轴 2750（图 9-16）。

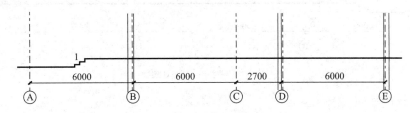

图 9-16 绘制地坪线

从地坪线室内地面标高向上距离 3600 绘制水平线，作为二层楼板（图 9-17）。

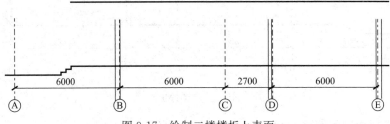

图 9-17 绘制二楼楼板上表面

整理剖切墙体和二层楼板线（图 9-18）。

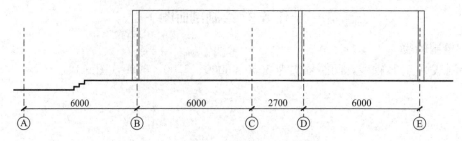

图 9-18　整理剖切墙体和二层楼板线

扣除门窗洞口（图 9-19）。

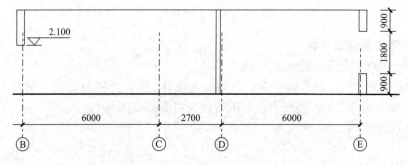

图 9-19　扣除门窗洞口

绘制门窗图例（图 9-20）。

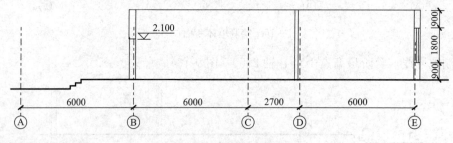

图 9-20　绘制门窗图例

填充墙体的断面（图 9-21）。

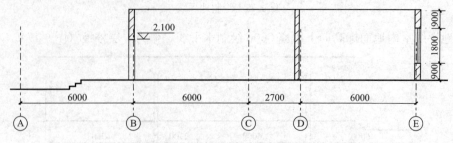

图 9-21　填充墙体的断面

将二层楼板线向下偏移 100，作为楼板，填充黑色（图 9-22）。

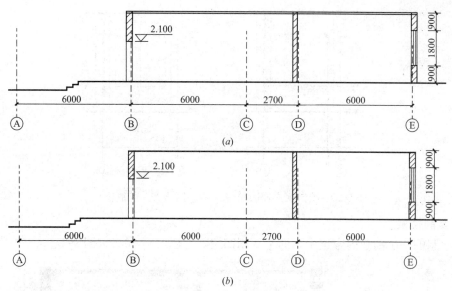

图 9-22 绘制楼板

（a）将二层楼板线向下偏移 100 偏移出楼板；（b）将楼板填充实心

3. 绘制看线

将 A 轴向左偏移 250，作为墙体表面。C 轴向右偏移 250，D 轴向右偏移 250，E 轴向左偏移 250，作为柱边线（图 9-23）。

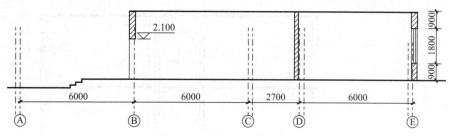

图 9-23 绘制墙边看线位置

这些看线是在投影时看到的远处的线，不与断面共面，所以都用中粗实线。将看线整理（图 9-24）。

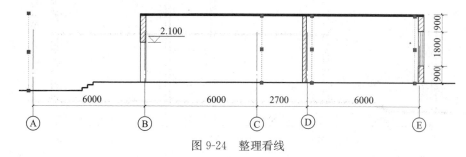

图 9-24 整理看线

4. 绘制窗户

将 C 轴向右偏移 450，将地坪线向上偏移 900（图 9-25）。

以偏移出的辅助线交点为窗户的左下角点，绘制尺寸为 1800×1800 的窗户。删除辅助线（图 9-26）。

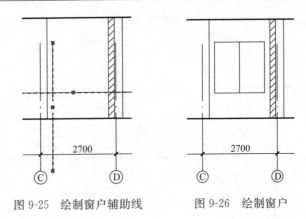

图 9-25 绘制窗户辅助线   图 9-26 绘制窗户

5. 复制楼层

将绘制的一层剖切内容选中，向上复制四层，每层层高 3600（图 9-27）。

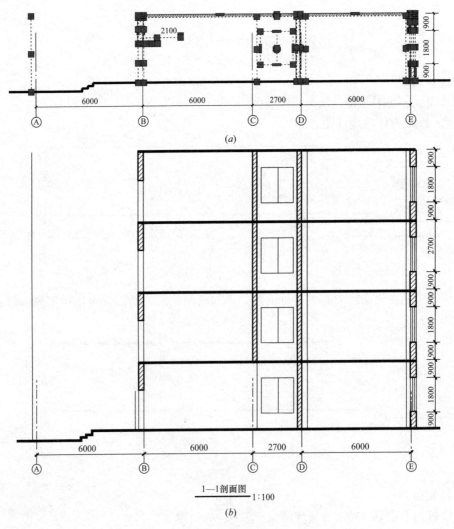

图 9-27 复制楼层

（a）选择一层图线；（b）向上复制四层

6. 绘制女儿墙

在屋面板上方 B、E 轴处绘制女儿墙，高 900，厚 200，与下面 300 厚墙体外表面对齐（图 9-28）。

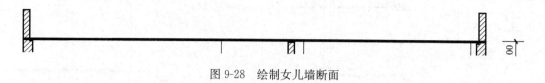

图 9-28　绘制女儿墙断面

补齐女儿墙看线（图 9-29）。

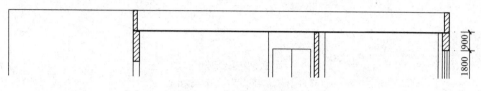

图 9-29　补齐女儿墙看线

7. 绘制 A、B 轴间的门窗

依次将 A 轴向右依次偏移 450、2100、1200、1800（图 9-30）。

将室外地坪线依次向上偏移 1350、1800，整理出窗户（图 9-31）。

将室内地坪线向上偏移 2100，整理出门（图 9-32）。

二层以上的窗户需要参考对应平面图的尺寸，此处略去绘制过程。

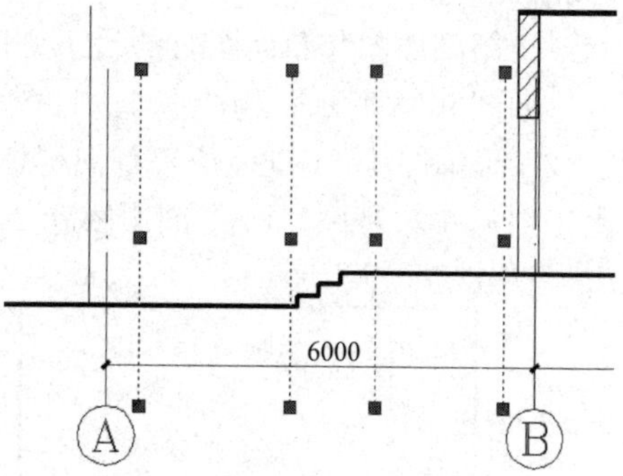

8. 添加标高、尺寸标注和图名

图 9-30　绘制门、窗的竖直辅助线

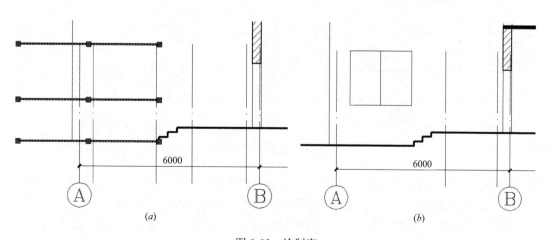

图 9-31　绘制窗

（a）绘制窗水平辅助线；（b）绘制窗户

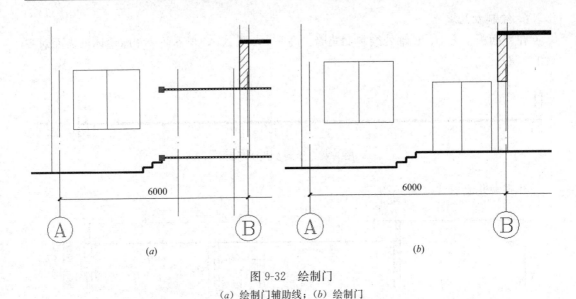

(a)   (b)

图 9-32 绘制门

(a) 绘制门辅助线；(b) 绘制门

【拓展提高】

绘制剖面图和断面图时的投影方向

如图 9-33 所示，物体在 1—1 位置剖切后绘制 1—1 剖面图，在 2—2 位置剖切后绘制 2—2 断面图。1—1 剖面位置是向形体后面投影，2—2 剖面位置是向形体前面投影，但是由于图形左右对称，1—1 剖面图和 2—2 断面图的断面形状、尺寸和方向均相同。

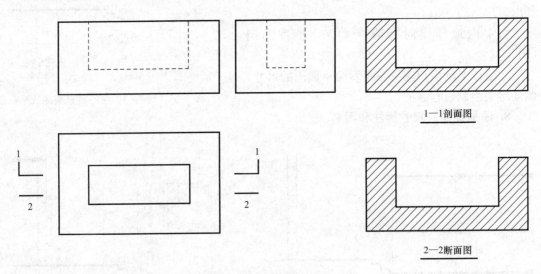

1—1剖面图

2—2断面图

图 9-33 物体的剖面图和断面图

如图 9-34 所示台阶，在水平投影上标示两个剖切位置 1—1 和 2—2，绘制两个位置在相反方向投影的断面图，1—1 剖切位置向左侧投影，投影结果沿台阶右高左低；2—2 剖切位置向右侧投影，投影结果沿台阶左高右低。同一个形状的断面由于剖视方向的不同造成断面图的不同，在绘图中要注意。

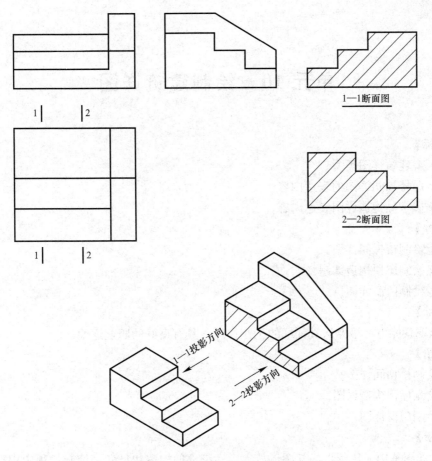

1—1断面图

2—2断面图

图 9-34　断面的投影方向不同

单元 10 绘制建筑详图

【知识目标】

　　1. 了解建筑详图类型。

　　2. 掌握楼梯间详图的表达内容。

　　3. 掌握常见构造详图表达内容。

【能力目标】

　　1. 能绘制楼梯间详图。

　　2. 能绘制屋顶构造详图。

　　3. 能绘制门窗详图。

【素质目标】

　　培养观察能力，培养认真仔细的工作作风，具有良好的职业道德。

【任务介绍】

　　1. 绘制楼梯间详图。

　　2. 绘制屋顶构造详图。

　　3. 绘制门窗详图。

【任务分析】

　　建筑详图是用大比例将局部图形放大表达细部的构造和尺寸，绘制过程中根据需要设置图层，灵活使用 AutoCAD 绘图和编辑命令绘图。

任务 1 绘制楼梯间详图

子任务 1 识读楼梯间详图

楼梯间详图包括平面图和剖面图，主要表达梯段、平台等各部分细部尺寸（图 10-1）。

　　（1）楼梯间详图是将平面中的楼梯间放大，能够显示细部构造和尺寸的图形，因此，楼梯间详图所在位置的轴号、构件尺寸均与平面图保持一致。

　　（2）此楼梯间详图的比例为 1∶50，比一层平面图大一倍，可以标注细部尺寸。

　　（3）1#楼梯间在一层平面图中位于③轴和④轴之间、Ⓓ轴和Ⓔ轴之间，楼梯详图也对应标注轴号。

　　（4）楼梯间的梯间宽度为 2800mm，梯段宽 1350mm，梯井宽 100mm，休息平台宽 1800mm，踏步的踏面宽 270mm，踢面高 150mm，每跑有 12 个踏步，共 6 个梯跑。

　　（5）楼层标高依次为±0.000、3.600、7.200、10.800，休息平台标高依次为 1.800、5.400、9.000。

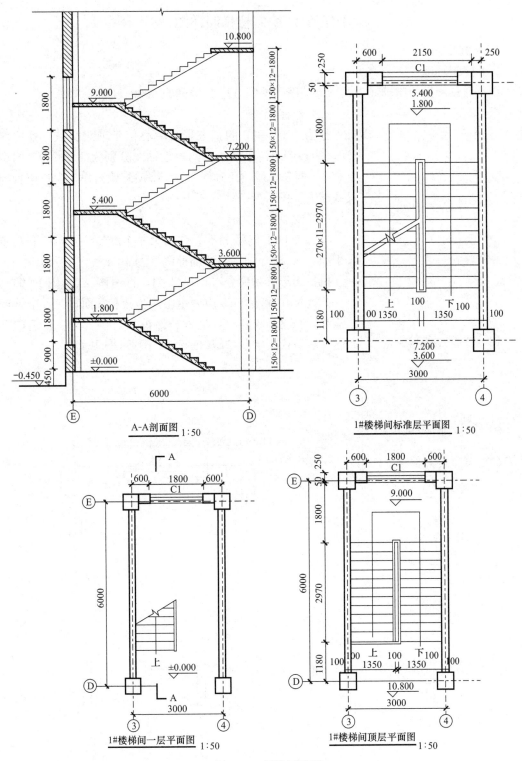

图 10-1　楼梯间详图

（6）A—A剖切位置位于第一跑中间，从③轴向④轴投影。剖面图中将被剖切到的第
一、三、五跑断面填充钢筋混凝土图例，并用粗实线绘制轮廓。

子任务 2 绘制楼梯间详图

1. 绘制平面图

（1）绘制轴线

用单点长画线绘制轴线，3、4 轴间距 3000，D、E 轴间距 6000（图 10-2）。

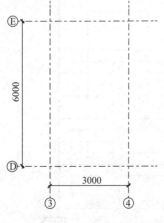

图 10-2 绘制轴网

（2）绘制墙柱

柱为 500×500 的正方形，中心位于轴线交点。外墙厚 300，两条墙线位于轴线两侧，距轴线分别为 50、250。内墙厚 200，两条墙线均距轴线 100。添加外墙窗户，窗户位置与尺寸与平面图保持一致（图 10-3）。

（3）绘制踏步

将 D 轴向上偏移 1180，作为第一个踏步位置，绘制踏步线 1350 长，删除偏移出的辅助线（图 10-4）。

执行矩形阵列命令，12 行 1 列，行偏移 270（图 10-5）。

此处尺寸标注 2970 应表示出踏步数和踏面宽，点击该尺寸标注，按【Ctrl】+1，进入特性窗口，在"文字"选项下面的文字替代中输入"270＊11＝2970"（图 10-6）。

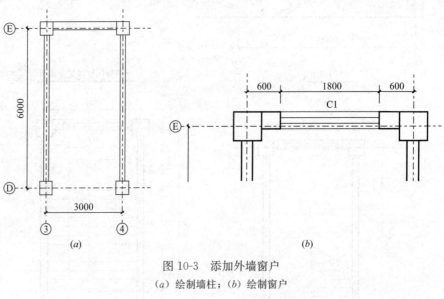

图 10-3 添加外墙窗户

（a）绘制墙柱；（b）绘制窗户

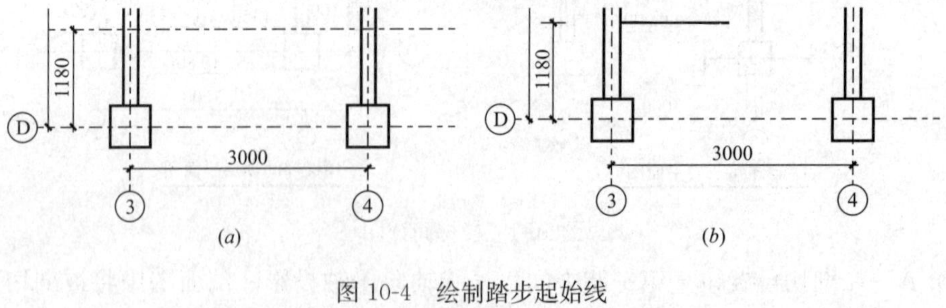

图 10-4 绘制踏步起始线

（a）将 D 轴线向上偏移 1180；（b）绘制第一条踏步线

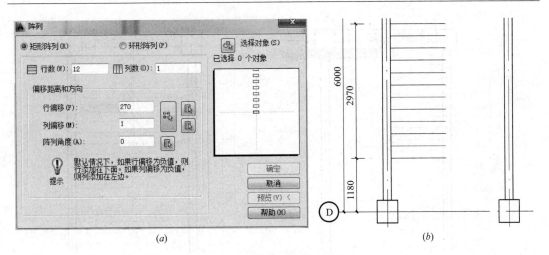

图 10-5　阵列踏步线

（a）阵列对话框；（b）阵列一个梯段

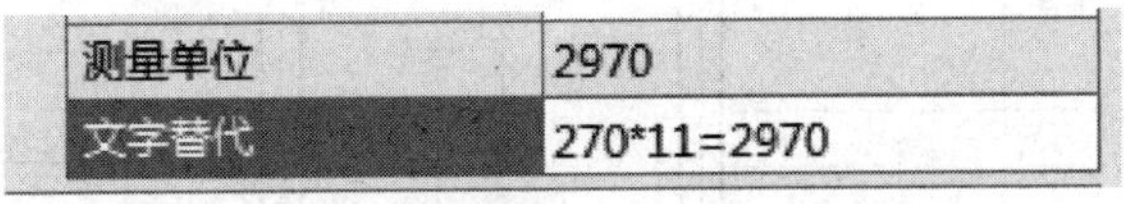

测量单位	2970
文字替代	270*11=2970

图 10-6　文字替代尺寸标注

回车，即可将图形中的尺寸标注数字修改（图 10-7）。

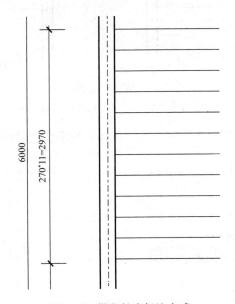

图 10-7　梯段长度标注方式

因为外墙窗户的中心与楼梯间中心线重合，故以窗户的中点做竖直线作为镜像线，将踏步镜像到右侧（图 10-8）。

用矩形连接踏步线，绘制中间的梯井（图 10-9）。

227

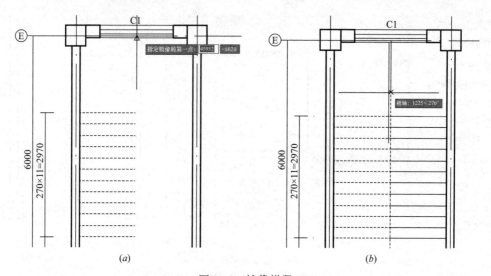

图 10-8　镜像梯段

（a）窗户中心线作为镜像线第一点；（b）竖直线上任一点作为第二点

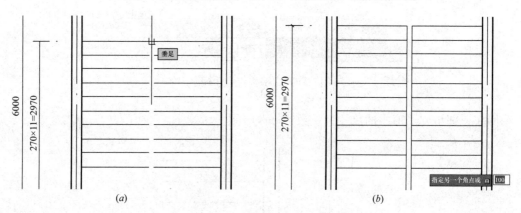

图 10-9　用矩形绘制梯井

（a）梯段角点作为矩形一点　（b）梯段角点作为矩形对角点

将梯井矩形向外偏移 50，作为扶手线。剪切掉扶手线之间的踏步线（图 10-10）。

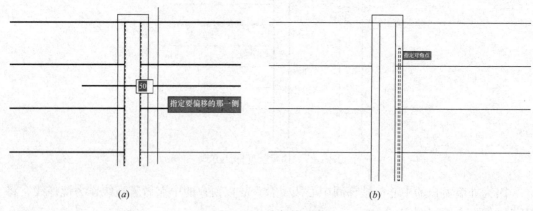

图 10-10　绘制扶手线

（a）向外侧偏移 50；（b）减掉扶手线之间的踏步线

绘制剖切符号，在左侧梯段上绘制斜线，在上面绘制剖切符号，剪切整理（图 10-11）。

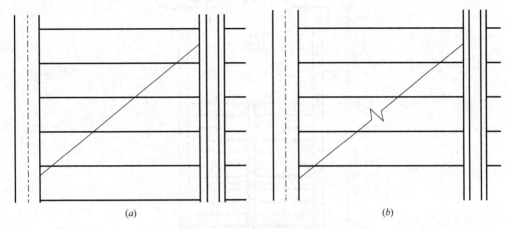

图 10-11 绘制剖切符号

(*a*) 在左侧梯段上绘制斜线；(*b*) 在斜线上绘制剖切符号

用构造线绘制箭头，设置箭头端部宽 50、0，添加文字"上"。将箭头向上镜像，整理为下楼梯的箭头，添加文字"下"（图 10-12）。

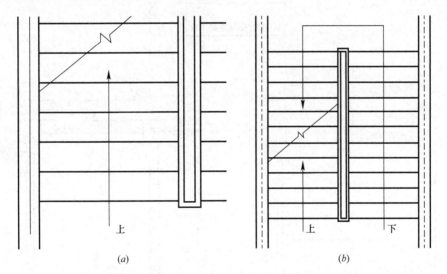

图 10-12 用构造线绘制箭头

(*a*) 绘制向上箭头；(*b*) 绘制向下箭头

（4）添加尺寸标注和标高。尺寸样式中全局比例设为"50"。标高三角形高 150，楼层标高为 3.600 和 7.200，平台标高为 1.800 和 5.400。添加图名为"1♯楼梯间标准层平面图"（图 10-13）。

（5）绘制其他层平面图

① 绘制一层平面图

将标准层平面复制，保留折断线以下的向上梯段，将向下梯段删除（图 10-14）。

整理尺寸标注，将一层标高改为"±0.000"，将原平台处标高删除。添加剖切符号 A—A，剖切符号中剖切位置线长 400，投影方向线长 300（图 10-15）。

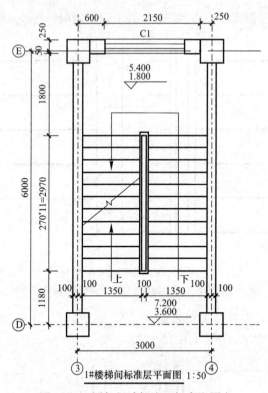

图 10-13　添加尺寸标注、标高和图名

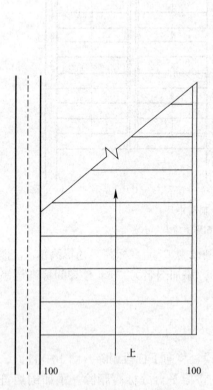

图 10-14　绘制楼梯间一层平面图

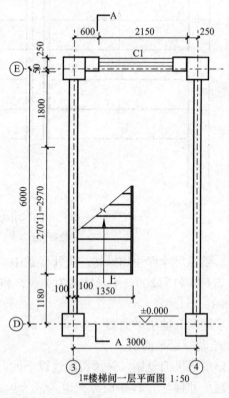

图 10-15　整理尺寸标注、标高和剖切符号

② 绘制顶层平面图

将标准层平面复制，删除折断线和向上箭头，将向下箭头延伸至梯段尽头。将箭头尽头的台阶踏步线向外偏移 50，作为顶层栏杆（图 10-16）。

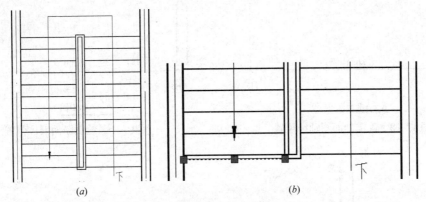

图 10-16　绘制楼梯间顶层平面图

（a）绘制向下箭头；（b）绘制顶层水平栏杆

将楼层标高改为 10.800，平台标高改为 9.000，添加图名"1♯楼梯间顶层平面图"（图 10-17）。

2. 绘制剖面图

由平面图可以看出，A-A 剖面是从第一跑向上的梯段中间位置剖开，向右侧投影，所以 A-A 剖面图的左侧是 E 轴，右侧是 D 轴，两轴相距 6000（图 10-18）。

E 轴上的墙体是外墙，外表面距轴线 250，内表面在另一侧，距轴线 50。D 轴上没有墙（图 10-19）。

投影时，除了墙体断面，还能看到柱边线（图 10-20）。

添加地坪线，室外地面标高 −0.450（图 10-21）。

将 D 轴向左偏移 1180，以偏移的辅助线和地坪线交点作为楼梯第一跑梯段的起点（图 10-22）。

用直线绘制向上 150，再向左 270，形成第一个踏步。踏步在断面上时应为粗实线（图 10-23）。

使用复制命令，将台阶右下角作为基点，左上角作为第二点，可将台阶准确复制（图 10-24）。

以此类推，复制完一个梯段上的 12 个踏步（图 10-25）。

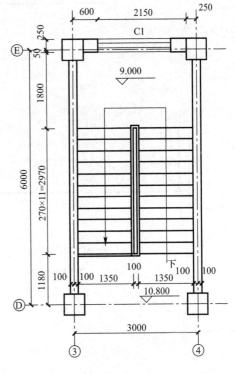

1#楼梯间顶层平面图　1:50

图 10-17　添加标高和图名

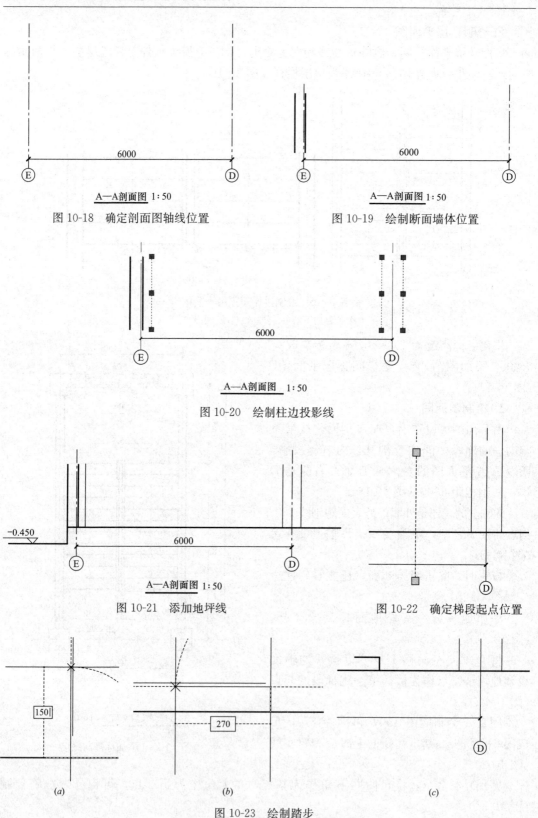

图 10-18 确定剖面图轴线位置

图 10-19 绘制断面墙体位置

图 10-20 绘制柱边投影线

图 10-21 添加地坪线

图 10-22 确定梯段起点位置

图 10-23 绘制踏步

(a) 踢面高 150;(b) 踏面宽 270;(c) 绘制完毕

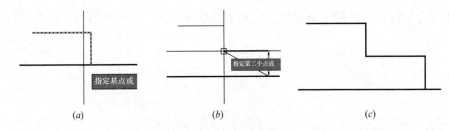

图 10-24　复制踏步

（a）台阶右下角作为复制基点；（b）踏步左上角作为第二点（c）复制完毕

将最后一个踏步延伸至外墙内表面（图 10-26）。

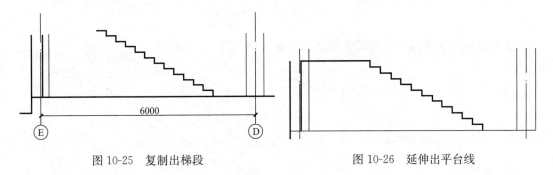

图 10-25　复制出梯段　　　　　　　　　　图 10-26　延伸出平台线

在梯段下方，连接踏步上的任意两点作为辅助线，将其向下偏移 100，同时将平台线向下偏移 100（图 10-27）。

整理图线如（图 10-28）。

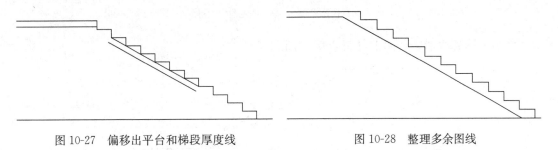

图 10-27　偏移出平台和梯段厚度线　　　　　图 10-28　整理多余图线

选择踏步线，以平台上表面为镜像线向上镜像（图 10-29）。

添加楼板线（图 10-30）。

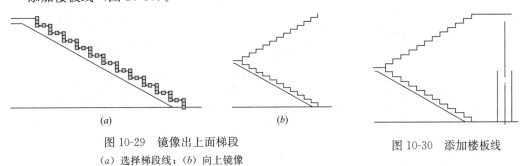

图 10-29　镜像出上面梯段

（a）选择梯段线；（b）向上镜像

图 10-30　添加楼板线

233

同上一个梯段中板厚的绘制方法，绘制梯段板和楼板，并整理图线（图 10-31）。

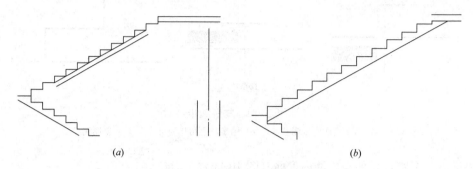

(a)　　　　　　　　　　　　　　　　　　*(b)*

图 10-31　绘制梯段板和楼板
（*a*）偏移出板厚；（*b*）整理图线

这个梯段不是断面，故将梯段线改为中粗实线（图 10-32）。

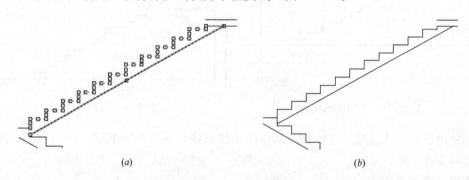

(a)　　　　　　　　　　　　　　　　　　*(b)*

图 10-32　修改梯段线
（*a*）选择梯段线；（*b*）线宽改为中粗

将第一跑梯段选中，向上复制 3600（图 10-33）。

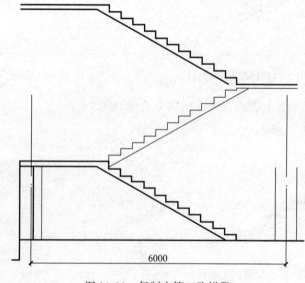

6000

图 10-33　复制出第三跑梯段

第三跑梯段与楼板处未连接，用倒圆角命令，将圆角半径设为 0，点击要连接的两条直线（图 10-34）。

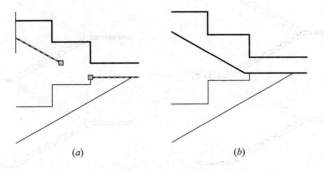

图 10-34   整理图线
(a) 需要将两条直线相交；(b) 用倒圆角命令整理

将第三跑梯段向上复制 3600，作为第五跑梯段（图 10-35）。

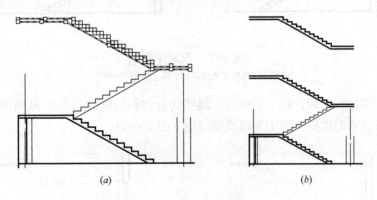

图 10-35   复制出第五跑梯段
(a) 选择第三跑梯段和平台；(b) 向上复制一个层高 3600

将第二跑梯段向上复制 3600 和 7200，作为第四跑和第六跑（图 10-36）。

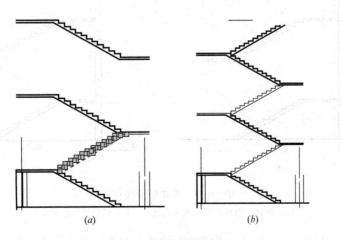

图 10-36   复制出其他梯段
(a) 选择第二跑梯段；(b) 分别向上复制 3600 和 7200

将三层楼板线向上复制 3600（图 10-37）。

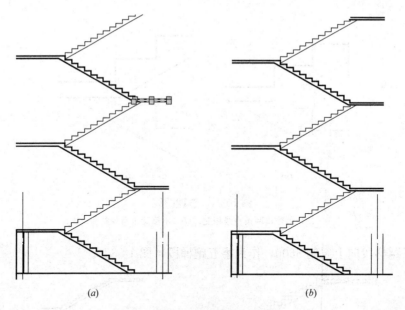

（a）　　　　　　　　　　　　　　　（b）

图 10-37　复制楼板线
（a）选择楼板线；（b）向上复制 3600

在最上方添加折断线，将一层的柱、墙线均延伸到折断线，在 E 轴的墙上绘制窗户，窗户高度参考前面的建筑立面图和建筑剖面图（图 10-38）。

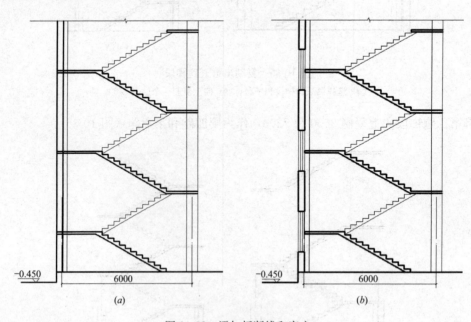

（a）　　　　　　　　　　　　　　　（b）

图 10-38　添加折断线和窗户
（a）将柱、墙线均延伸到折断线；（b）E 轴的墙上绘制窗户

将 D 轴墙体断面填充 45°线，将楼梯断面填充钢筋混凝土图例（图 10-39）。

添加尺寸标注和标高（图 10-40）。

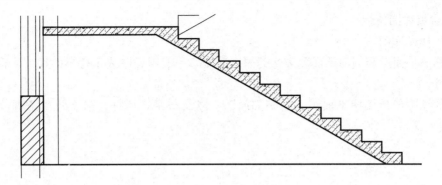

图 10-39　填充断面图例

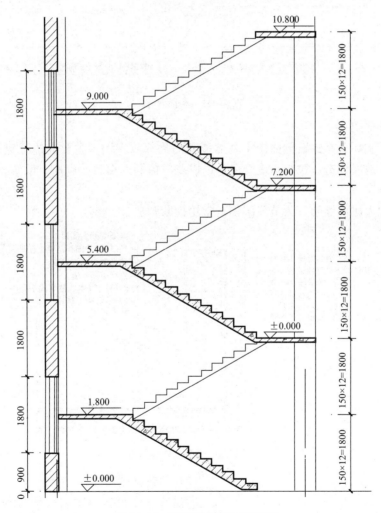

图 10-40　添加尺寸标注和标高

【拓展提高】

1. 建筑详图的形成和用途

建筑详图也称大样图，是将建筑平面图、建筑立面图、建筑剖面图等小比例绘制的图纸中无法表达和标注细部的内容用大比例绘制的图，常用 1：50、1：20、1：10 等比例。

2. 常见详图类型

（1）楼梯详图

楼梯的平面图和剖面图需要表达的内容繁多，一般用详图表示楼梯的尺寸、构造、结构形式等。

楼梯详图包括楼梯平面图、楼梯剖面图，以及扶手、栏杆、踏步防滑条等节点详图（图 10-41）。

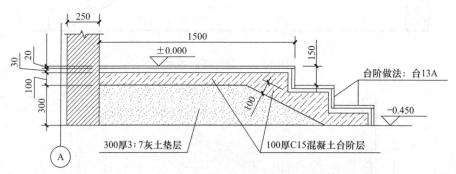

图 10-41　台阶详图

（2）外墙详图

外墙详图实际上是建筑剖面图中外墙墙身的局部放大图。主要表达了建筑物的屋面、檐口、楼面、地面构造，楼板与墙身关系，以及门窗洞、窗台、勒脚、散水、明沟等节点尺寸（图 10-42）。

一般用较大比例绘制，为节省图幅，常用折断画法。

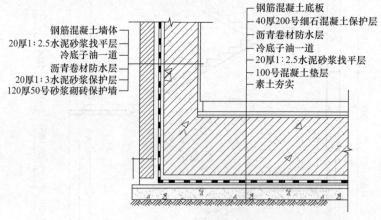

图 10-42　地下室外墙构造

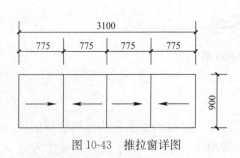

图 10-43　推拉窗详图

（3）门窗详图

门窗外立面投影，主要表明门窗的外形、尺寸、开启方式和方向，节点详图的索引等内容（图 10-43）。

门窗节点详图，表示门窗的局部剖（断）面图，是表明门窗中各构件的断面形状尺寸及有关组合等节点的构造图。

238

任务 2　绘制构造详图

子任务 1　绘制屋面构造详图

1. 屋面构造详图识读

屋面板有 9 个构造层次，女儿墙高 900，其中压顶高 60，防水层在女儿墙处泛水一直做到女儿墙压顶下（图 10-44）。

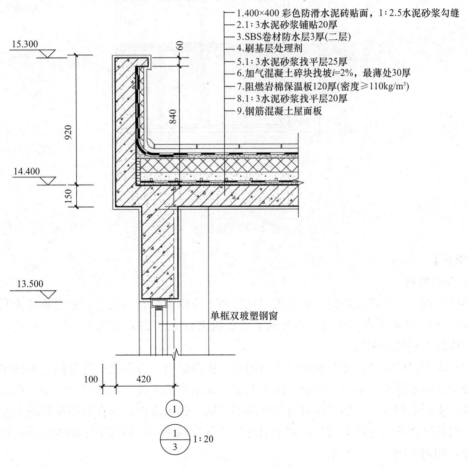

- 1.400×400 彩色防滑水泥砖贴面，1∶2.5 水泥砂浆勾缝
- 2.1∶3 水泥砂浆铺贴 20 厚
- 3.SBS 卷材防水层 3 厚(二层)
- 4.刷基层处理剂
- 5.1∶3 水泥砂浆找平层 25 厚
- 6.加气混凝土碎块找坡 $i=2\%$，最薄处 30 厚
- 7.阻燃岩棉保温板 120 厚(密度≥110kg/m³)
- 8.1∶3 水泥砂浆找平层 20 厚
- 9.钢筋混凝土屋面板

单框双玻塑钢窗

图 10-44　屋面构造详图

2. 绘制过程

（1）绘制轴线和编号。

（2）绘制屋面板、梁及女儿墙的断面，绘制柱、窗的投影线，绘制窗框断面。

（3）绘制屋面板各个构造层次，填充对应的图例。

（4）添加文字标注、标高、尺寸标注等。

子任务 2 绘制窗详图

1. 窗详图识读

该窗户为推拉窗，尺寸为 2700×2100，共四扇，上面有两扇固定窗（图 10-45）。

2. 绘制过程

1）先用矩形绘制外轮廓，向内偏移 50 作为窗框。

2）绘制分割各窗扇位置的窗框，上面两个固定窗，下面四个窗。

3）从各窗扇向内偏移。

4）绘制箭头和尺寸标注等。

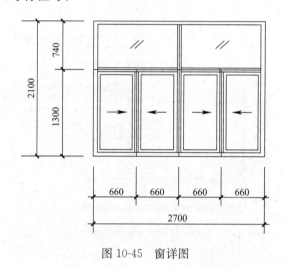

图 10-45 窗详图

【拓展提高】

1. 索引符号

图样中的某一局部或构件，如果需另见详图，应以索引符号索引。索引符号由直径为 8～10mm 的圆和水平直径组成，圆及水平直径线宽宜为 0.25，如图 10-46（a）所示。索引符号应按下列规定编写：

（1）索引出的详图，如与被索引详图同在一张图纸内，应在索引符号的上半圆中用阿拉伯数字注明该详图的编号，在下半圆中间画一条水平细实线，如图 10-46（b）所示。

（2）索引出的详图，如与被索引的详图不在同一张图纸内，应在索引符号的上半圆中用阿拉伯数字注明该详图的编号，在索引符号的下半圆用阿拉伯数字注明该详图所在图纸的编号，如图 10-46（c）所示。

（3）索引出的详图，如采用标准图，应在索引符号水平直径的延长线上加注该标准图册的编号，如图 10-46（d）所示。

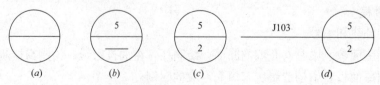

图 10-46 详图索引符号

2. 详图符号

详图的位置和编号，应以详图符号表示，详图符号的圆直径应为 14mm，线宽为 b，详图应按下列规定编号：

（1）详图与被索引的图样同在一张图纸内时，应在详图符号内用阿拉伯数字注明详图编号，如图 10-47（*a*）所示。

（2）详图与被索引的图样不在同一张图纸内时，应用细实线在详图符号内画一条水平直径，在上半圆中注明详图编号，在下半圆中注明被索引的图纸的编号，如图 10-47（*b*）所示。

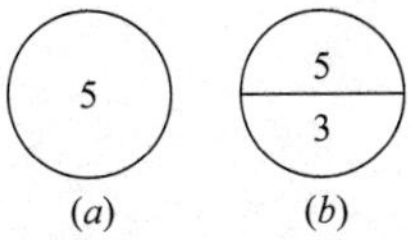

图 10-47　详图符号

（3）一个详图适用于几根轴线时，应同时注明各有关轴线的编号，如图 10-48 所示。

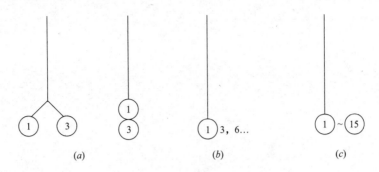

图 10-48　一个详图适用于几根轴线

（*a*）用于 2 根轴线时；（*b*）用于 3 根或 3 根以上轴线时；（*c*）用于 3 根以上连续编号的轴线时

（4）通用详图中的定位轴线，应只画圆，不注写轴线编号。

工　作　页

工作页 1 绘制形体的三视图

 任务情境

阳光小学要建设门卫建筑，请设计院绘制建筑施工图，你作为设计人员在绘制建筑施工图之前要知道建筑施工图是怎么形成的，在了解投影法之后，请你绘制出形体的三视图。

 学习目标

1. 学会三视图的分析方式，能绘制草图。
2. 会使用直线命令绘图，能正确设置参数。
3. 会使用窗口操作，能设置对象捕捉和极轴追踪。
4. 能够独立处理绘图中的问题。
5. 能将文件保存在指定位置并提交。

建议学时：4 课时

 学习地点

机房。

 学习过程

一、接受任务

1. 熟悉 AutoCAD2014 的用户界面。
2. 了解三视图的形成过程。
3. 绘制下面形体的三视图。

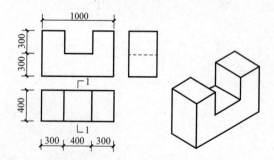

4. 绘制三棱柱三视图

绘制三棱柱三视图。三棱柱底面为正三角形，边长 30，高 30，其中一侧面与 V 面平行。

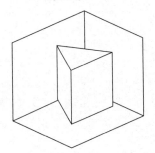

5. 用 AutoCAD 绘制下面形体的三视图，形体两侧对称，最上方为半圆柱。

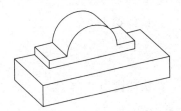

6. 用 AutoCAD 绘制下面形体的三视图。

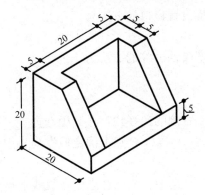

二、绘制要求

　　1. 三视图要符合度量对应关系和位置对应关系。

　　2. 在 CAD 草稿基础上加深图线。

三、完成环节

　　1. 三视图的形成过程：

　　（1）在下面手绘三面投影坐标系，并在图中标注出各个投影面的上下、左右、前后位置关系。

　　（2）三视图的度量对应关系指的是

　　H、V 面：＿＿＿＿＿＿＿＿＿＿＿＿＿＿＿＿＿＿＿＿＿＿＿

　　V、W 面：＿＿＿＿＿＿＿＿＿＿＿＿＿＿＿＿＿＿＿＿＿＿＿

H、W面：_____

2. 用笔在下面手绘三棱柱的三视图

3. CAD绘制：

（1）正三角形边长为_____，内夹角为_____。

（2）三视图中不可见线用_____表示。

（3）直线命令的使用

直线命令的图标为_____，命令为_____，快捷键为_____。

结束直线命令的方法为_____。

（4）复制命令的使用

复制命令的图标为_____，命令为_____，快捷键为_____。

选中物体的方式为_____，取消选中物体的方式为_____。

（5）对象捕捉的设置

对象捕捉设置的位置为_____，打开对象捕捉设置窗口的方法为_____。

（6）正三角形绘制中角度的设置

极轴追踪设置的位置为_____，设置特定角度极轴追踪的方法为_____，设置一般角度极轴追踪的方法为_____。

（7）虚线的绘制

将要变成虚线的直线选中，然后点击图标_____右侧的选择栏，在其中选择_____，点击_____，选择线型名称为_____，图线为_____，点击确定后在列表中选择_____。

如果此时虚线看起来比例不合适，可在选中直线后（选中直线的标志为在直线上显示_____）键入_____，改变_____中的数值。

（8）窗口操作

用_____放大或缩小窗口，使用_____平移窗口，使用命令_____可将绘制内容全部显示到窗口中。

4. 文件的保存和提交

（1）保存命令图标为_____，快捷键为_____。

（2）保存文件名为"15建工1 150102210106 张三 任务1.1.1"

（3）保存位置：在桌面上新建文件夹，命名为"15建工1 150102210106 张三 任务1.1.1"，将文件保存到文件夹中。

（4）保存位置上会有两个文件，应提交后缀为_____的文件，后缀为_____的文件为备份文件。

【注意】在绘图前应首先保存，再绘图，在绘图中经常使用快捷键_____以随时保存绘制成果（使用此快捷后在命令栏中显示命令：_____则代表保存成功），不保存文件就直接绘图可能会发生＿＿＿＿＿＿的悲惨后果！

四、👍评价与分析

1. 三视图的绘制内容，注意尺度对应关系。

2. 熟练使用 CAD 基本命令。

五、课后习题

1. 观察三视图中标注的投影点

（1）在立体图中用大写字母标注相应的点。

（2）在右侧空白处说明点的位置对应关系。

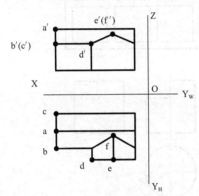

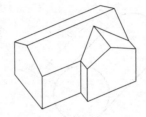

A 点在 B 点的＿＿＿＿＿＿方向。

B 点在 C 点的＿＿＿＿＿＿方向。

E 点在 F 点的＿＿＿＿＿＿方向。

2. 绘制圆台三视图，圆台上半径 10，下半径 20，高 15。

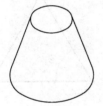

3. 用 AutoCAD 绘制下面的图形。

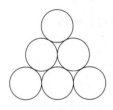

4. 绘制下面形体的三视图。

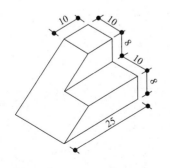
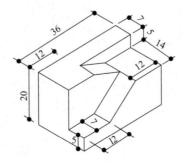
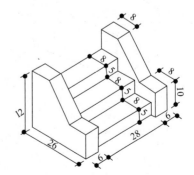

247

5. 用 AutoCAD 绘制下面的图形，不需要标注尺寸。

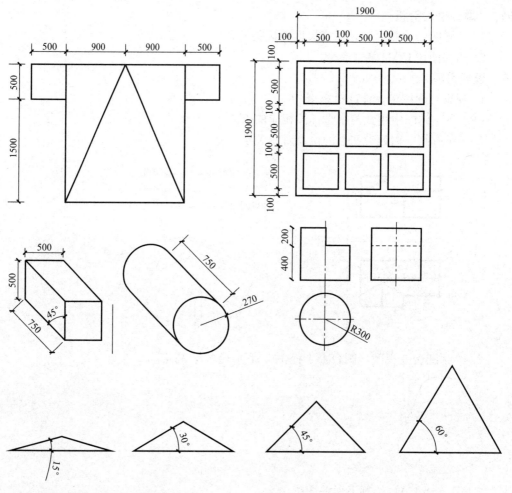

6. 三视图中被遮挡的不可见线用（　　　）表示。

    A. 粗线　　　　　　　B. 虚线　　　　　　　C. 波浪线　　　　　　　D. 单点长画线

7. 在 AutoCAD 中，点坐标的输入都有哪几种方法？

8. 用 AutoCAD 绘制下面形体的三视图。

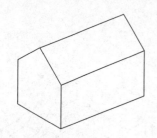
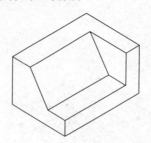

工作页 2　绘制建筑平面图

任务情境

绘制建筑施工图，首先从绘制建筑平面图开始，建筑平面图通常用于表达轴网尺寸、平面布局和构件尺寸等内容，现在请你用 AutoCAD 绘制门卫建筑的平面图。

学习目标

1. 知道平面图的绘图步骤。
2. 能按照图纸抄绘平面图。
3. 能查阅相关标准和规范。
建议学时：4 课时

学习地点

机房。

学习过程

一、接受任务

用 AutoCAD 绘制单元 2 的门卫建筑一层平面图，如图 2-1 所示。

二、绘制要求

1. 绘制出轴网。
2. 绘制出墙和柱。
3. 绘制出门窗。
4. 绘制出门口台阶。

三、完成环节

1. 绘制轴网

（1）分析

1）轴网的作用是什么？

2）在下面写出平面图中轴网在开间、进深两个方向的尺寸。

开间：

进深：

3）轴网用什么线型？在下面画出来。

（2）绘制 CAD 图形

1）建立"轴网"图层，设置颜色和线型（center 线型），绘制出轴网后适当调节线型比例。经绘制后调节，你认为合适的线型比例为＿＿＿＿＿＿＿＿＿＿＿。

2）轴网可用＿＿＿＿＿＿＿＿命令绘制。

2. 绘制墙体

（1）分析

1）在下图中手绘厚度为 300 的墙，两条墙线分别距轴线 150，并标注尺寸。

2）在下图中手绘厚度为 300 的墙，两条墙线分别距轴线 250、50，并标注尺寸。

3）图中所有墙体的厚度均为＿＿＿＿＿mm。墙体中各直线距轴线的距离均为＿＿＿＿＿mm。

（2）在绘制厚度为 200 的墙所使用的方法中：

1）偏移命令的快捷键为＿＿＿＿＿＿＿＿＿，偏移距离为＿＿＿＿＿＿＿。

2）剪切命令的快捷键为＿＿＿＿＿＿＿＿＿，进入剪切命令后连续＿＿＿＿＿次空格后可直接进行剪切。

3）延长命令的快捷键为＿＿＿＿＿＿＿＿＿，进入延长命令后连续＿＿＿＿＿次空格后可直接进行延长。否则应先选择＿＿＿＿＿＿＿＿＿，然后再延长其他图元（请思考：为什么不是直线而是图元）。

4）多线命令的使用：

① 多线样式

菜单"格式/多线样式"进入多线样式编辑，新建样式"q"。

图元(E)		
偏移	颜色	线型
0.5	BYLAYER	ByLayer
-0.5	BYLAYER	ByLayer

② 多线命令的快捷键为＿＿＿＿＿＿＿＿＿。设置及绘制如下：

```
MLINE
当前设置：对正 = 无，比例 = 1.00，样式 = Q
指定起点或 [对正(J)/比例(S)/样式(ST)]：j
输入对正类型 [上(T)/无(Z)/下(B)] <无>：z
当前设置：对正 = 无，比例 = 1.00，样式 = Q
指定起点或 [对正(J)/比例(S)/样式(ST)]：s
输入多线比例 <1.00>：200
当前设置：对正 = 无，比例 = 200.00，样式 = Q
指定起点或 [对正(J)/比例(S)/样式(ST)]：
指定下一点：
指定下一点或 [放弃(U)]：
```

5）比较下面的多线样式和绘制过程和上面有何不同，按照下面的内容绘制后比较绘制结果。

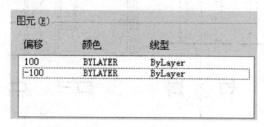

```
MLINE
当前设置：对正 = 无，比例 = 200.00，样式 = Q1
指定起点或 [对正(J)/比例(S)/样式(ST)]：j
输入对正类型 [上(T)/无(Z)/下(B)] <无>：z
当前设置：对正 = 无，比例 = 200.00，样式 = Q1
指定起点或 [对正(J)/比例(S)/样式(ST)]：s
输入多线比例 <200.00>：1
当前设置：对正 = 无，比例 = 1.00，样式 = Q1
指定起点或 [对正(J)/比例(S)/样式(ST)]：
指定下一点：
指定下一点或 [放弃(U)]：
```

3. 绘制台阶和柱

（1）从室外要走_____个台阶才能到达室内地面，台阶踏步宽为_____mm。

（2）柱的尺寸为_____mm × _____mm，各边离轴线距离为_____mm。

（3）绘制 CAD 图形

你在绘制台阶过程中使用了哪些命令？

4. 绘制门

（1）分析

1）图纸中 M1 门的宽度为_____mm，M2 门的宽度为_____mm。

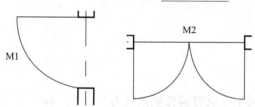

2）在制图标准中找到门的图例，在下面写明名称。

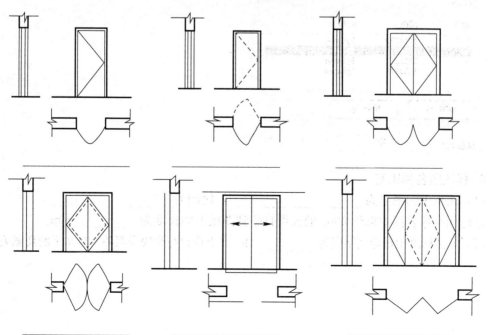

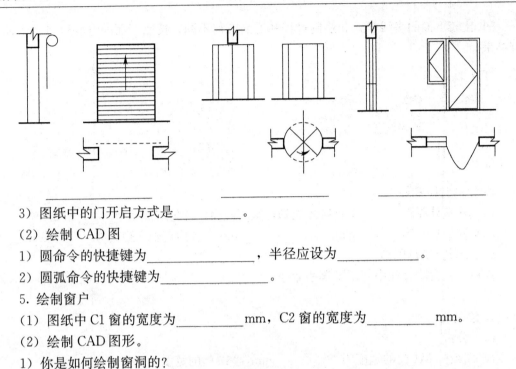

_____ _____ _____

3）图纸中的门开启方式是_____。

（2）绘制 CAD 图

1）圆命令的快捷键为_____，半径应设为_____。

2）圆弧命令的快捷键为_____。

5. 绘制窗户

（1）图纸中 C1 窗的宽度为_____mm，C2 窗的宽度为_____mm。

（2）绘制 CAD 图形。

1）你是如何绘制窗洞的？

2）使用多线绘制窗时，下面列表中的两个 0 应将偏移值设置为_____和_____。

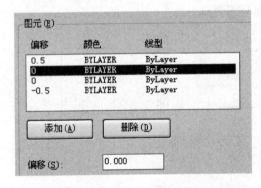

6. 标注图名和比例

（1）图纸中的图名为_____，比例为_____。
该比例意味着图中标注 6800 的长度打印到图纸上的长度为_____mm。

（2）制图标准中规定文字应为_____体。在下面自行列表说明各字号文字的高宽关系。

（3）比例的字号应比文字的字号＿＿＿＿＿＿＿＿＿＿＿＿＿。

（4）图中图名使用 7 号字体大小，则根据比例计算，绘图时图名应使用字高为＿＿＿＿＿＿ mm。

7. 标注尺寸

（1）分析

1）尺寸标注都包括哪些内容？对照标准在下面绘制出各部分及长度要求。

2）尺寸标准中数字的数值大小是

□ 真实建筑中的大小

□ 打印到图纸上的大小

□ 经过比例换算的大小

□ 根据需要考虑

（2）绘制 CAD 图形

1）在标注尺寸后你组发现了什么问题？怎么解决？

2）如果发现尺寸标注中的数值有误差，是怎么回事？怎么解决？

8. 标注轴号

（1）分析

1）从图纸上看轴号有哪两种？在两个方向上按照什么顺序编号？

2）给下面的轴网编号。

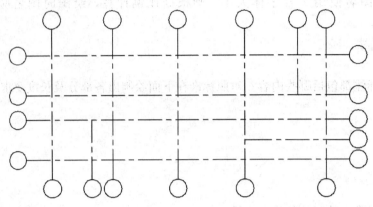

3）轴号的圆和数字尺寸有什么要求？

4）若轴号外面的圆直径为 10mm，在绘图时根据比例计算应绘制_____mm。

（2）绘制 CAD 图形

1）绘制轴号数字可使用_____命令。

2）采用了什么方式使得轴号填写更快？

四、评价与分析

1. 平面图中的表达内容。
2. 平面图中相关标准的应用。
3. 平面图的绘制步骤。
4. 使用到的命令和方法。

五、课后习题

1. 用 AutoCAD 绘制下列形体的三视图。

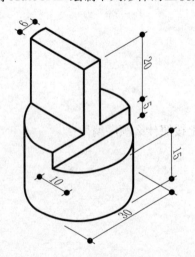
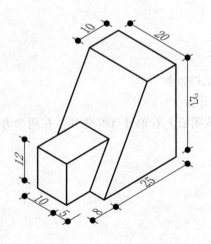

2. 用 AutoCAD 绘制下列图形。

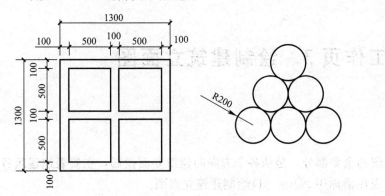

工作页 3 绘制建筑立面图

任务情境

立面图是建筑施工图的重要部分，是从各个方向向建筑立面投影，主要表达建筑各个位置标高及建筑高度。现在请你用 AutoCAD 绘制建筑立面图。

学习目标

1. 能识读立面图的基本表达内容。
2. 能按照图纸抄绘立面图。
建议学时：4 课时

学习地点

机房。

学习过程

一、接受任务

1. 根据根据两面投影，补画形体的第三视图。

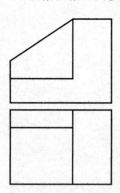

2. 绘制单元 3 中①～③的立面图，如图 3-1 所示。

二、绘制要求

1. 立面图与平面图形状、尺寸要对应。
2. 立面图绘制要符合制图标准。
3. 在画图过程中根据需要建立图层。
4. 图名用 7 号字，图中数字用 3 号字。

三、完成环节

1. 描述南立面图是如何形成的？

2. 南立面图用①～③立面表示，那北立面图可以怎样表示？

3. 绘制建筑轮廓

建筑物外轮廓线宽应为_____。

4. 绘制门窗

（1）窗的下部标高（窗台标高）为_____m，上部标高为_____m，窗户高度为_____mm。

（2）门的下部标高为_____m，上部标高为_____m，门高度为_____mm。

5. 绘制尺寸标注和标高

（1）建筑室内地面标高为_____m，室外地坪标高为_____m，屋面板上表面的标高为_____m。

（2）从建筑室内地面到室外地面的距离（即建筑室内外高差）为_____mm，从建筑室外地面到屋顶的距离（即建筑总高度）为_____m。

（3）在设置尺寸标注样式时应将全局比例改为_____。

（4）在下面画出标高符号的形状和尺寸。

（5）绘图比例为1∶50，则应将标高符号尺寸（　　）至50倍。

　　A. 放大　　　　　　B. 缩小　　　　　　C. 不变

四、👍评价与分析

1. 立面图中的主要表达内容。

2. 如何解决立面图与平面图的对应关系？

五、课后习题

1. 用 AutoCAD 绘制以下图形。

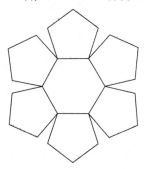

2. 根据两面投影，补画形体的第三视图。

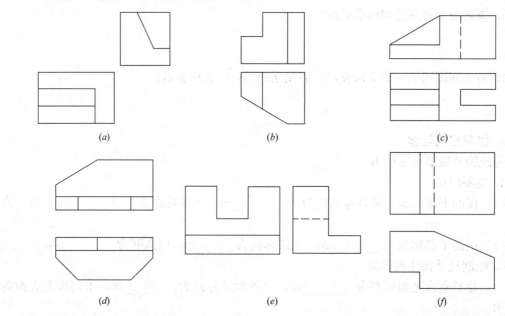

3. 用 AutoCAD 绘制下列图形的三视图。

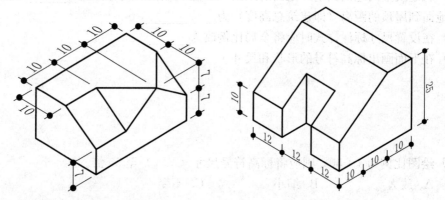

4. 结合本项目中的平面图和南立面图，抄绘下面的东立面图

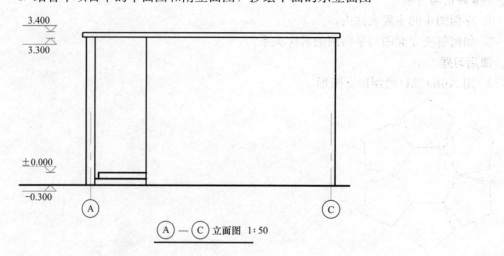

(A) — (C) 立面图 1:50

工作页 4 绘制建筑剖面图

任务情境

建筑剖面图，是假想用一个或多个铅垂剖切面，将房屋剖开，以表示房屋内部的构造形式、分层情况和各部位的联系、高度等，是与平、立面图相互配合的不可缺少的重要图样之一，本项目绘制一个建筑剖面图。

学习目标

1. 知道建筑剖面图的绘图步骤。
2. 能按照图纸抄绘剖面图。
建议学时：4 课时

学习地点

机房。

学习过程

一、接受任务

1. 绘制下列形体的剖面图。

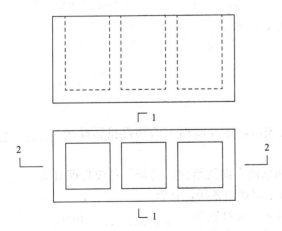

2. 绘制下面形体的断面图。

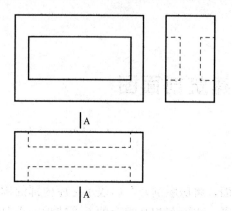

3. 补全下面建筑构件的左视剖面图。

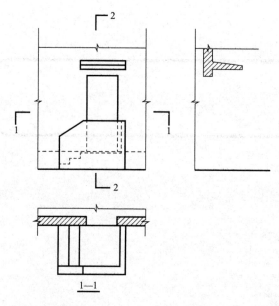

1—1

4. 绘制单元 4 中 1-1 的剖面图，如图 4-45 所示。

二、绘制要求

1. 符合制图要求。

2. 建立适当的图层。

三、完成环节

1. 剖面图的断面轮廓用_____线表示，不在断面上的构件投影线用_____表示。

2. 剖面图的剖切符号由剖切位置线和剖视方向线组成，剖切位置线长度宜为_____，剖视方向线垂直于剖切位置线，长度应短于剖切位置线，宜为_____。

3. 断面图的剖切符号只用剖切位置表示，长度宜为_____mm。

4. 填充的快捷键为_____，如果想让填充图案间距大一些，可以将填充比例_____。

5. 在下面的方框内分别绘制出实心砖、混凝土、钢筋混凝土和多孔材料的图例。

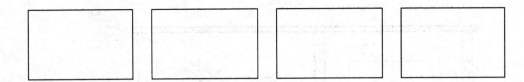

四、 评价与分析

1. 剖面图的表达内容。

2. 剖面图与断面图中相关制图标准的使用。

3. 建筑剖面图的绘制步骤。

五、课后习题

1. 绘制下面的形体剖面图。

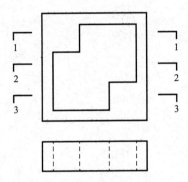

2. 绘制下面牛腿柱的断面图。

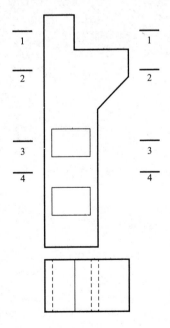

3. 以项目 1 中的平面图、立面图和 1-1 剖面图为参考,抄绘下面的 2-2 剖面图。

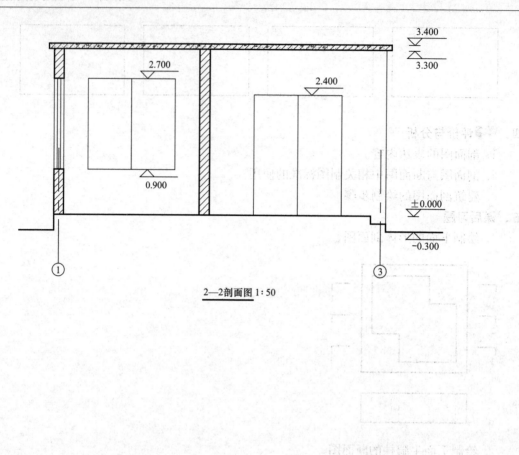

2—2剖面图 1:50

工作页 5 绘制建筑设计说明

 任务情境

阳光小学要建设教学楼，请设计院绘制建筑施工图，请你绘制教学楼的建筑施工图，完整的施工图中首页包括图纸目录、设计说明、工程做法表和门窗表组成，现在请你绘制建筑设计说明和门窗表。

 学习目标

> 1. 能识读建筑设计说明和门窗表基本表达内容。
> 2. 能绘制建筑设计说明和门窗表。
> 建议学时：2 课时

 学习地点

机房。

 学习过程

一、接受任务

绘制单元 5 中建筑设计总说明，如图 5-1 所示。

二、绘制要求

1. 使用多行文字编辑文字。

2. 在 AutoCAD 中创建表格绘制门窗表。

三、完成环节

1. 多行文字快捷键为_____。

2. 在 tssdeng. shx、tssdchn. shx、tssdeng2. shx 字体文件下表示钢筋符号 Φ、Φ、Φ、Φ 应分别输入_____、_____、_____、_____。

四、评价与分析

1. 用多行文字编辑文字。

2. 用表格命令创建门窗表。

五、课后习题

1. 绘制下面地坪和楼板的构造层次。

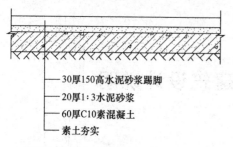

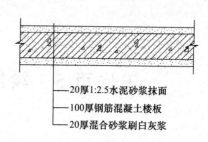

- 30厚150高水泥砂浆踢脚
- 20厚1:3水泥砂浆
- 60厚C10素混凝土
- 素土夯实

- 20厚1:2.5水泥砂浆抹面
- 100厚钢筋混凝土楼板
- 20厚混合砂浆刷白灰浆

2. 绘制下面的梁截面配筋图。

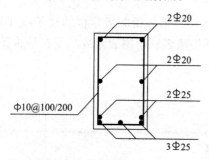

3. 绘制下面的图纸目录。

序号	图号	图纸名称	规格	备注
1	建施-1	图纸目录　总平面图	A1	
2	建施-2	建筑设计说明　门窗表	A1	
3	建施-3	建筑构造及装修表	A1	
4	建施-4	一层平面图	A1	
5	建施-5	二层平面图	A1	
6	建施-6	三层平面图	A1	
7	建施-7	屋顶平面图	A1	
8	建施-8	①-⑫立面图　⑫-①立面图	A1	
9	建施-9	Ⓐ-Ⓕ立面图　Ⓕ-Ⓐ立面图 1-1剖面图　2-2剖面图	A1	
10	建施-10	楼梯详图	A1	
11	建施-11	卫生间详图 墙身节点详图	A1	

工作页 6　绘制总平面图

任务情境

　　总平面图表示整个建筑基地的总体布局，具体表达新建房屋的位置、朝向以及周围环境，一般在建筑施工图中排在平面图的前面，现在请你用 AutoCAD 绘制总平面图。

学习目标

> 1. 能识读总平面图的基本表达内容。
> 2. 能按照图纸抄绘总平面图。
> 建议学时：2 课时

学习地点

　　机房。

学习过程

一、接受任务

　　绘制单元 6 中的总平面图，如图 6-1 所示。

二、绘制要求

　　符合总平面图制图标准。

三、完成环节

　　1. 绘制新建建筑

　　新建建筑用_____线表示，上面标注的标高表示_____。

　　2. 绘制其他建筑、跑道、草坪边缘

　　跑道用直线和圆弧绘制，然后连成多段线，多段线编辑的快捷键为_____，在其中选择_____项将直线和圆弧连成多段线。

　　3. 将球场绘制成图块插入

　　创建内部图块的快捷键为_____，创建外部图块的快捷键为_____，插入图块的快捷键为_____。

　　4. 绘制围栏

　　5. 绘制风玫瑰图

　　6. 填充图案

四、👍评价与分析

1. 检查图形绘制的是否全面、准确。
2. 图层设置是否合理。
3. 绘图命令的使用是否正确、高效。

五、课后习题

1. 绘制下面的图形，并定义为外部图块，命名为"篮球场"。

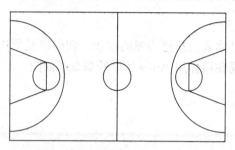

2. 绘制下面的总平面图。

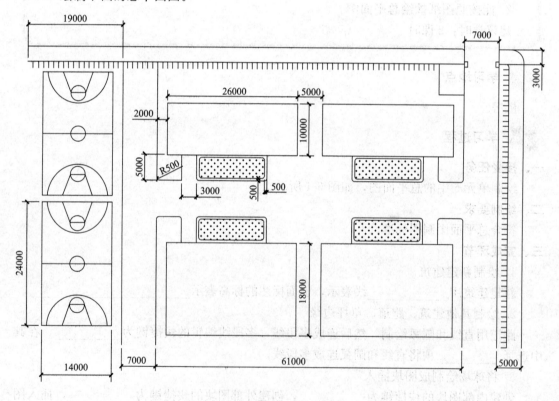

工作页 7　绘制建筑平面图

 任务情境

为了建设教学楼，需要在建筑施工图中绘制建筑平面图，现在需要你分别用 Auto-CAD 和天正建筑绘制建筑平面图。

 学习目标

1. 能识读平面图的基本表达内容。
2. 能按照图纸抄绘平面图。
3. 能用天正建筑绘制平面图。
建议学时：12 课时

 学习地点

机房。

 学习过程

一、接受任务

1. 绘制单元 7 中的建筑平面图，如图 7-1 所示。
2. 用天正建筑绘制单元 7 中的建筑平面图，如图 7-1 所示。

二、绘制要求

1. 绘图符合制图标准。
2. 绘图内容要与样图一致。

三、完成环节

1. 使用 AutoCAD 绘图

（1）建立轴网

1）轴网的开间从__向__依次为：_____。

轴网的进深从__向__依次为：_____。

2）建立轴网图层，设置点划线、红色。

3）绘制轴网。

（2）绘制轴号

横向轴线编号从__向__依次为：_____。

纵向轴线编号从__向__依次为：_____。

（3）绘制柱

1）在下面绘制柱的形状、尺寸以及与轴线的关系。

2）你认为柱可用什么命令绘制？

3）绘制柱。

（4）绘制墙

1）在下面绘制外墙与轴线的关系。

2）在下面绘制内墙与轴线的关系，包括两种情况。

3）你组认为墙可用什么命令绘制？

4）新建墙图层，设为粗线、黄色。

5）针对内外墙与柱、轴线不同的关系绘制墙。

（5）绘制门

1）图中 M1 门的门垛宽为_____mm。

2）新建门图层，设为中粗线、青色。

（6）绘制窗

1）图中 C1 窗的宽度为_____mm。

2) 在下面绘制出 C1 窗中四条线的间距。

3) 如果用多线命令绘制 C1 窗，应进行什么设置？

4) 如果用偏移绘制窗，偏移尺寸应为_____mm。

5) 新建窗图层，设为细线、青色。

（7）绘制台阶

此图中有_____处入口台阶，每个台阶均有_____个踏步，踏面宽_____mm。

（8）绘制散水

1) 散水宽度为_____mm。

2) 你认为绘制散水最好的方式为什么？

（9）绘制尺寸标注、标高

1) 一层室内地面标高为_____，其单位为_____，室外地坪标高为_____，其单位为_____。

2) 建筑室内外高差为_____mm。

3) 卫生间地面比室内地面低_____mm。

4) 尺寸标注共有_____道，最_____一侧为建筑外包尺寸，中间一道为开间进深尺寸，即轴线间尺寸，最_____一侧为门窗细部尺寸。

5) 尺寸标注时，全局比例应设为_____。

（10）绘制图名、比例

若图名字号选 10 号比较合适，与之对应的比例数字字高应选（　　　）。

　　A. 10　　　　　　　B. 7　　　　　　C. 5

（11）绘制指北针

按照制图标准在下面绘制指北针的尺寸要求。

（12）绘制图框

1）本图选用_____图幅比较合适，其尺寸为_____。

2）制作图块的快捷键为_____，其命令图标为_____。

3）插入图块的快捷键为_____。

4）图框绘制好之后发现平面图放不进去，原因是什么？怎么解决？

2. 使用天正建筑绘图

（1）天正基本设置

1）天正菜单显示或隐藏的快捷键为_____。

2）在天正菜单"设置/天正选项"中将当前层高设为 3.6m。

（2）绘制轴网、轴号

1）点击天正菜单_____下的_____命令，绘制轴网。

2）设置轴网过程中上开间和下开间的设置是否一致？_____

3）设置轴网过程中左进深和右进深的设置是否一致？_____

4）图中有一处附加轴线为_____，在轴号_____之后。

5）根据制图标准，两根轴线的附加轴线，应以分母表示_____轴线的编号，分子表示_____的编号，编号宜用_____数字顺序编写。

（3）绘制柱

1）点击天正菜单_____下的_____命令，绘制柱。

2）将柱子的截面尺寸设为_____。

（4）绘制墙

1）点击天正菜单_____下的_____命令，绘制墙。

2）绘制外墙时，墙宽为_____mm，左宽_____，右宽_____ ，____时针画（也可左宽_____，右宽_____，___时针画）。

3）绘制内墙时，墙宽为_____mm，下图中 a 图墙体设置为左宽和右宽分别为_____和_____，b 图墙体设置为左宽和右宽分别为_____和_____。

(a)   (b)

（5）绘制门窗

1）点击天正菜单＿＿＿＿＿＿下的＿＿＿＿＿＿命令。

2）对于 M1 门，如果用垛宽定距方式插入方式绘制，应将距离设置为＿＿＿＿＿＿，如果用轴线定距方式插入绘制，应将距离设置为＿＿＿＿＿＿。

3）在下面画出高窗的表达方式。

4）在插入门时点击＿＿＿＿＿＿键可改变门的开启方向。

（6）绘制台阶

1）点击天正菜单＿＿＿＿＿＿下的＿＿＿＿＿＿命令绘制台阶。

2）4～5 轴线间的台阶是＿＿＿级台阶，平台宽＿＿＿＿＿＿mm。

3）9～10 轴线间的台阶是＿＿＿级台阶，平台宽＿＿＿＿＿＿mm。

（7）绘制楼梯

1）点击天正菜单＿＿＿＿＿＿下的＿＿＿＿＿＿命令绘制楼梯。

2）图中楼梯形式为＿＿＿＿＿跑楼梯。

3）比较下面两个楼梯间设置的不同，分别使用两个设置绘制 1 号楼梯间和 2 号楼梯间。造成设置不同的原因是＿＿＿＿＿＿＿＿＿＿＿＿＿＿＿＿＿＿＿＿＿＿＿＿。

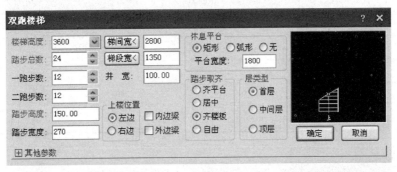

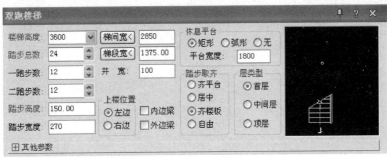

（8）绘制散水

1）点击天正菜单_____下的_____命令绘制散水。

2）散水宽_____mm。

（9）绘制尺寸标注、标高

1）尺寸标注在天正菜单_____下。

2）点击天正菜单_____下的_____命令绘制标高。

3）在下面分别绘制室内标高、室外地坪标高的表达方式。

4）该建筑总长_____m，总宽_____m。

5）教室开间_____m，进深_____m。

6）办公室开间_____m，进深_____m。

7）活动室开间_____m，进深_____m。

（10）绘制图名、比例、文字标注

1）点击天正菜单_____下的_____命令绘制图名和比例。

2）点击天正菜单_____下的_____命令绘制文字。

（11）绘制指北针

点击天正菜单_____下的_____命令绘制指北针。

（12）绘制剖切符号

1）点击天正菜单_____下的_____命令绘制剖切符号。

2）一层平面图中共有_____个剖切符号，其编码依次为_____。

四、👍评价与分析

比较 AutoCAD 绘图和天正建筑绘图之间的不同之处。

序号	比较项目	AutoCAD	天正建筑

五、课后习题

绘制下面的平面图。

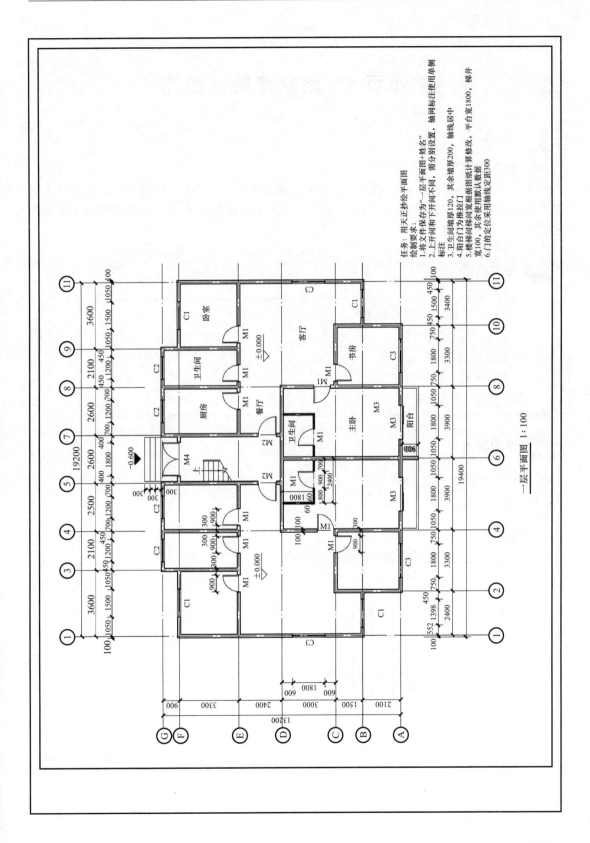

一层平面图 1:100

工作页 8　绘制建筑立面图

 任务情境

　　只有平面图不能完整表达建筑，需要和立面图结合综合识图，以识读立面上的构件和高度尺寸。现在需要你用 AutoCAD 绘制建筑立面图，并根据平面图和已绘制的立面图补绘其他方向的立面图。

 学习目标

> 1. 能识读立面图的基本表达内容。
> 2. 能绘制形体轴测图。
> 3. 能按照图纸抄绘立面图。
> 4. 能按照施工图补绘立面图。
>
> 建议学时：10 课时

 学习地点

　　机房。

 学习过程

一、接受任务

　　1. 根据下面的三视图绘制形体的正等测图。

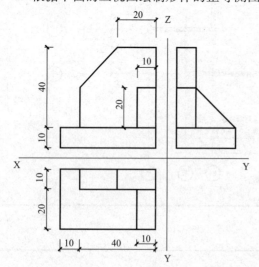

2. 根据下面的三视图绘制形体的正面斜二测图。

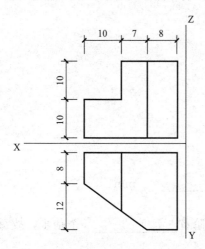

3. 绘制建筑立面图，如图 8-38 所示。

4. 根据单元 7 中的平面图（图 7-1）和单元 8 中的立面图（8-38），补绘建筑西立面图。

二、绘制要求

1. 立面图要与平面图对应。

2. 绘图符合制图标准。

三、完成环节

将一层平面图放在图中作为参考

1. 定位轴线

将一层平面图中 1、10 轴复制下来，并标注轴号。

2. 地坪线

新建图层"地坪线"，粗实线。

3. 立面外轮廓

（1）构造线的图标为_____，快捷键为_____。

（2）在下面的地坪线上绘制南立面的外轮廓（无需标注尺寸）。

（3）屋面标高为_____，女儿墙顶标高为_____，女儿墙高_____ mm。

4. 窗定位

（1）南立面的窗编号应为_____，该窗户窗台高_____mm（窗台高指窗户下沿至本层楼面距离），该窗户高度为_____mm。

（2）绘制矩形的快捷键为_____。

（3）下图为南立面图一部分，一层左侧第一个窗户边竖线距墙体外表面为_____。

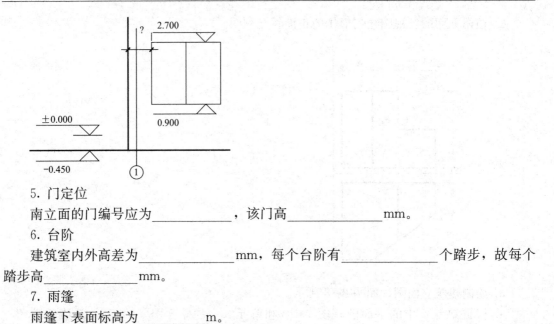

5. 门定位

南立面的门编号应为＿＿＿＿＿＿，该门高＿＿＿＿＿＿mm。

6. 台阶

建筑室内外高差为＿＿＿＿＿mm，每个台阶有＿＿＿＿＿个踏步，故每个踏步高＿＿＿＿＿mm。

7. 雨篷

雨篷下表面标高为＿＿＿＿＿m。

四、👍评价与分析

1. 立面图和平面图的对应关系。

2. 立面图的识读内容。

五、课后习题

1. 根据给出的两个三视图判断形体形状，绘制该形体的正等测图。

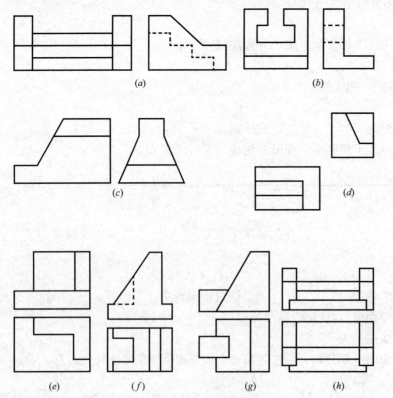

2. 根据给出的两个三视图判断形体形状，绘制该形体的正面斜二测图。

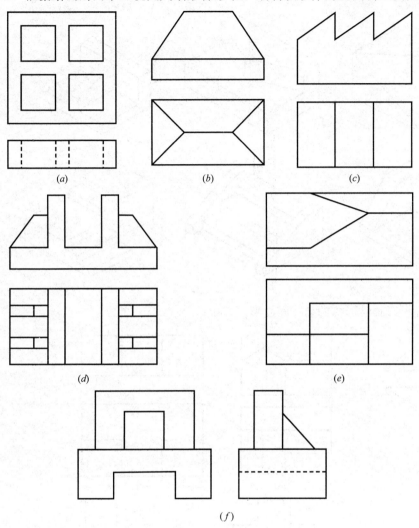

3. 利用阵列命令绘制下面的家具。

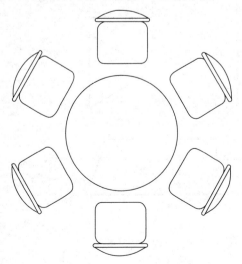

4. 绘制下面形体的三视图。

5. 根据两面投影补绘形体的第三面投影。

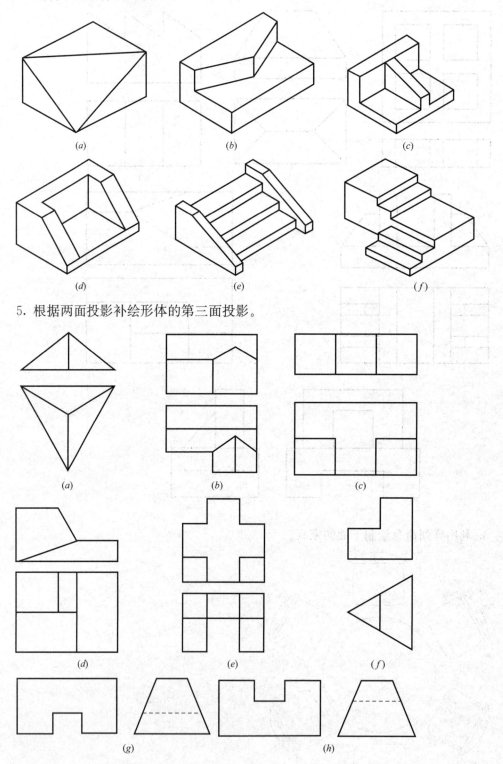

工作页 9 绘制建筑剖面图

任务情境

建筑物内部有一些内容不容易表达清楚，需要将建筑剖切开表达。现在首先需要你了解剖面图和断面图的形成过程及绘制要求，然后绘制形体的剖面图和断面图，最后绘制建筑剖面图。

学习目标

1. 能识读剖面图的基本表达内容。
2. 能绘制形体的剖面图和断面图。
3. 能按照图纸抄绘剖面图。
建议学时：8 课时

学习地点

机房。

学习过程

一、接受任务

1. 绘制下面杯形基础的剖面图。

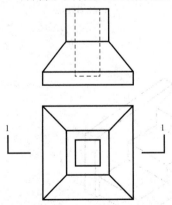

2. 绘制单元 9 中的 1-1 剖面图，如图 9-1 所示。

二、绘制要求

1. 符合制图标准中关于剖面图的规定。
2. 剖面图与平面图之间保持对应关系。

三、完成环节

1. 请分析下面的三视图表达了什么形体？请将形体的轴测图画在旁边。

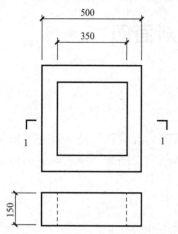

2. 请根据下图的投影原理按照上一题的剖切符号绘制上一题的剖面图，画在空白处。

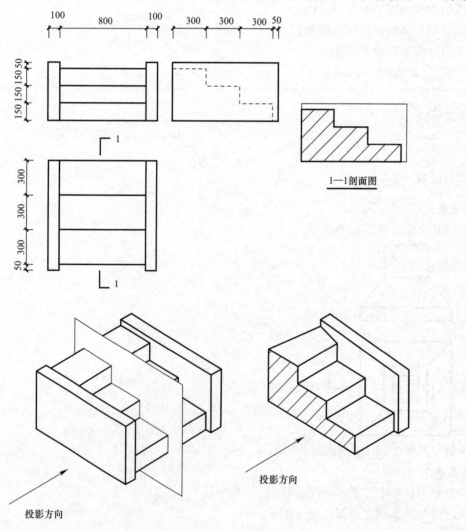

1—1剖面图

投影方向

投影方向

3. 思考下面的断面图是什么形状？画在下面。

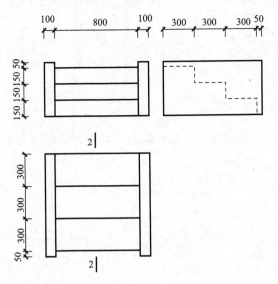

4. 绘制 1-1 剖面图。

（1）一层

1）1-1 剖面与_____轴线相交。其中_____轴的墙体被剖切到，_____轴的墙体没有被剖切，只有投影线。

2）从平面图上看，1-1 剖面图应从_____向_____进行投影。

3）在下面绘制 1-1 剖面图中的轴线，并标注轴线间距。

4）在下面根据平面图徒手绘制 B、D、E 轴上的墙体，并标注尺寸。

5）绘制 B、D、E 轴上墙体内的门、窗洞口位置。

6）在下面徒手绘制 A、C 轴线附近的投影线，并标注与轴线之间的关系。

7）4、5 轴之间的台阶完全被剖切开，在下面徒手绘制台阶的剖切线，并标注与 B 轴的位置关系。

8）将地坪线连接成多段线，便于编辑。

① 编辑多段线快捷键_____。

② 提示选择多选线：（点击其中一条线）。

③ 是否转为多段线：_____。

④ 输入选项：合并_____。

⑤ 选择对象：（选择其他直线）。

⑥ 结束。

9）散水在剖面图中可以不用绘制，可在建筑详图中表达。

（2）二层

1）二层和一层的剖切位置是否一样？_____（是、否）

2）二层和一层相比，剖切到的墙、门窗、投影线是否一样？____（是、否）

3）二层和一层相比，剖切图哪里不一样？

（3）三层

三层和二层相比，剖切图是否一样？_____（是、否）

（4）四层

四层是顶层，和三层相比，剖切图是否一样？_____（是、否）

（5）屋面层

屋面层只有女儿墙，也只有女儿墙被剖切。女儿墙高_____mm，厚_____mm，与外墙的位置关系是_____。

四、👍评价与分析

剖面图与平面图和立面图的对应关系。

五、课后习题

1. 绘制下面形体的剖面图。

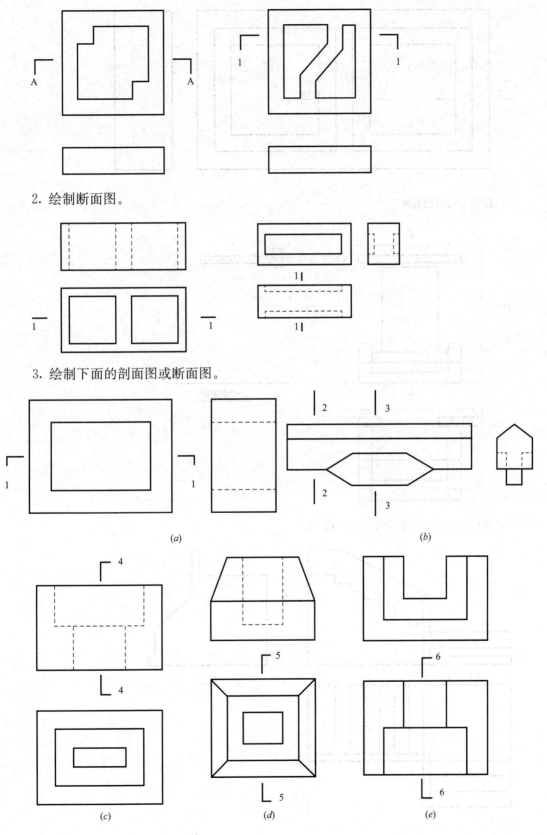

2. 绘制断面图。

3. 绘制下面的剖面图或断面图。

(a)

(b)

(c)

(d)

(e)

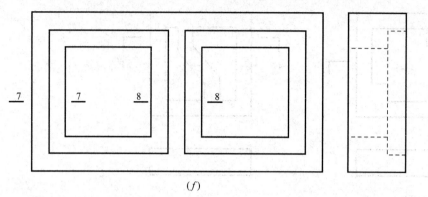

(f)

4. 补绘 2-2 剖面图。

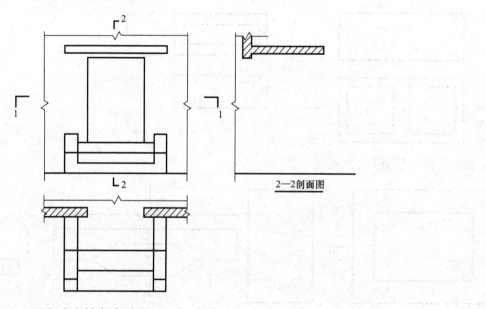

2—2剖面图

5. 画出砖砌转角台阶的 3-3 剖面图。

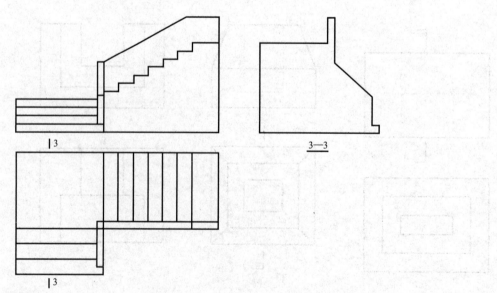

3—3

6. 绘制钢筋混凝土梁板式楼板的 2-2 剖面图。

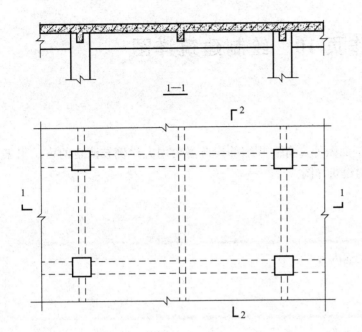

工作页 10　绘制建筑详图

任务情境

除了平面图、立面图和剖面图外，有一些细部构造需要用大比例较清楚的表示出来。现在需要你用 AutoCAD 绘制建筑详图。

学习目标

1. 能识读详图的基本表达内容。
2. 能抄绘详图。
建议学时：8 课时

学习地点

机房。

学习过程

一、接受任务

1. 绘制单元 10 中的楼梯间详图，如图 10-1 所示。

2. 绘制单元 10 中的屋面构造详图，如图 10-44 所示。

3. 绘制单元 10 中的窗详图，如图 10-45 所示。

二、绘制要求

1. 按尺寸绘制图形。

2. 适当建立图层。

3. 尺寸标注和文字大小要符合比例要求。

三、完成环节

1. 楼梯间详图

（1）从一层平面图中复制出楼梯间平面，要想使比例改为 1：50，需要做什么？

（2）一层平面图中第一个踏步距_____轴线_____mm，踏步踏面宽_____mm。每个梯跑有_____个踏步，梯跑长计算公式为_____。楼梯间平台宽_____mm。梯井宽_____mm。

（3）顶层平面图中哪里多了个栏杆?

（4）A-A 剖切位置可以剖切到_____轴和_____轴的墙体。

（5）定位第一个踏步位置,踏步高_____mm,宽_____mm。

（6）每个梯段_____个踏步。

（7）楼板、梯板厚度按 100 绘制。

（8）标注各层平台和楼板的标高。

（9）除了楼板、平台板被剖切外,哪个梯段是被剖切到的?

（10）标注梯段高度,格式为"踏步宽×个数＝   "。

2. 屋面构造详图

（1）绘制墙体和屋面板结构层。

（2）绘制墙体和屋面板的构造层次。

（3）标注文字、尺寸标注和标高。

3. 门窗详图

（1）绘制外轮廓。

（2）绘制窗框线。

（3）绘制窗扇线。

四、👍评价与分析

1. 图形绘制完整。

2. 图形和标注比例合适。

参 考 文 献

[1] GB/T 50001—2017 房屋建筑制图统一标准. 北京：中国建筑工业出版社，2018.
[2] GB/T 50103—2010 总图制图标准. 北京：中国建筑工业出版社，2010.
[3] GB/T 50104—2010 建筑制图标准. 北京：中国建筑工业出版社，2010.
[4] 赵嵩颖. 建筑 CAD. 上海：上海交通大学出版社，2014.
[5] 王中发. 建筑 CAD. 上海：上海交通大学出版社，2013.